是金子總會發光

沒有翅膀還可以奔跑，你值得過更好的生活

陳鵬飛——著

編輯序

上帝並不在乎你來自哪裡，沒有翅膀，更要努力奔跑

在一百多年前，有一個貧困的少年為謀生路，輾轉進了皇宮做幫廚，他每天刷盤子洗碗，忙到昏天暗地，換來的也不過是勉強的溫飽而已。少年似乎認命了，沒辦法，上帝讓他出身卑微，他又怎能癡心妄想要過上好日子呢？

誰知，命運卻偏偏要逗弄他。

那是一個冬天，在廚房裡洗碗的少年不停咬著牙倒吸著冷氣，因為他手上的凍瘡裂開了，反覆浸泡在冷水裡的傷口一陣一陣地刺痛。

這時，一位美麗的少女邁著輕盈的腳步來到少年身邊，她看到少年這麼痛苦，不禁大為同情，就跟少年搭話，少年很快得知，少女是高高在上的公主。

儘管身分懸殊，少年還是喜歡上了公主，這時，他才深深感到命運的不公，為何自己不是貴族，這樣就能和公主在一起了啊！

很快，出於政治目的，公主與他國的王子聯姻了。少年如遭雷擊，他為公主做了最後一餐甜點——熱巧克力霜淇淋，公主吃完後不久就出嫁了。此後，少年娶妻，卻始終忘不了公主，

他發誓要讓自己出人頭地，於是開始研發可以讓熱巧克力凝固的技術。

就這樣，固體巧克力誕生了，少年一躍成為一名成功的商人，再也不用為自己的身分感到卑微，因為他已經靠著自己勤勞的雙手贏得了財富和地位。

這個少年，就是德芙的創始人萊昂。

成功後的萊昂深覺自己當年的幼稚：上帝是給了他一個貧困的出身，可是沒有讓他對生活妥協。同樣，上帝根本不在乎他來自哪裡，只在乎他是否付出過努力！

時光跨越到百年後的香港，同樣有一個少年對出身毫不在意，從十四歲開始，他就拒絕提起自己的父親，畢業後更是置父親的億萬資產於不顧，跑到國外一家投資公司打工。

他的父親自然很生氣，逼兒子回香港上班，兒子則在忍氣吞聲了兩年後，突然將父親的公司高價賣給國外的媒體大亨，從此徹底踏上了單飛之路。

他就是「小超人」李澤楷，而他的父親就是亞洲首富李嘉誠。但李澤楷從來就很反感父親的蔭庇，只想靠自己的努力闖出一番名堂，最後，他也成功了。

上帝很忙，祂沒辦法精心安排每個人的降世，所以不是每個人都含著金湯匙出生，有些人甚至一來到世間就家徒四壁、貧困潦倒。

還好，上帝給了我們一顆勇敢又堅定的心，祂用生活捶打我們，教會我們如何從困境中掙脫，如何從挫折中爬起，如何具備不服輸的精神，如何用辛勤的汗水去獲得該有的一切！

有人總說，改變現狀太難，但若不去改變，就只能維持現狀，甚至讓現狀越來越糟。

中國有句古話叫「富不過三代」，就是告誡人們莫要好逸惡勞，要知道，即使富可敵國，也敵不過坐吃山空啊！

所以，李嘉誠直到九十多歲依舊堅持每天早上八點上班；世界酒店大王希爾頓年逾古稀仍舊每天搭乘不同的班機前往世界各地巡查他的酒店；郭台銘儘管一度負面新聞纏身，卻從未退縮，發誓要讓他的富士康帝國繼續壯大……

連成功人士都這麼努力了，還未成功的人們好意思再為自己的懶惰找藉口嗎？雖然我們不能挑選自己的出身，但我們完全可以挑選自己的未來啊！

「有志者，事竟成」，這雖然是一句老話，可是做起來卻很難，因為大部分的奮鬥都不會馬上得到成果的。

有多少人知道，那些山林間鬱鬱蔥蔥的竹子，在生命最初的四年時間裡，僅僅長了三公分。但是，從第五年開始，竹子開始以每天三十公分的速度瘋狂生長，僅僅六週，就能長到十五公尺！

是的，在前四年，竹子已將根深深紮在土壤中數百平方公尺，為了日後的蓬勃生長，前期的努力是必須的，而現實生活中，卻有很多人沒熬過那三公分！

所以，只要是金子，哪怕掉在沙漠裡，都照樣能散發出永恆的光芒！

只要我們每天付出一點，到了未來的那一天，當我們轉身回頭，會驚訝地發現，原來自己竟然變化了那麼多！屆時我們會明白，自己內心的執著與渴望早已變成了現實，而生活正是你需要的樣子。

也許看過本書之後，你會有更深的感悟，會更加明白歌德所說的話——凡是自強不息者，最終都會成功。

自序

臺下那看不見的十年功

偶像劇總是給人美好的錯覺：身家千萬的總裁每天坐在豪華辦公大樓頂樓裡呼風喚雨，動輒跑車、直升機伺候，身邊黑衣保鏢無數，有錢又有時間，閒時出個海，躺在豪華遊輪上與美女喝喝香檳聊聊天，日子過得十分愜意。

這些畫面不要說令普通上班族豔羨不已，就連我的一些在創業的朋友也都要仰天長嘆了：錢和時間、魚與熊掌不可兼得焉！

且看我那些所謂的老闆朋友過得是怎樣一種比驢還累的生活：每天八點起床，喝點茶提提神，然後開始忙著各種事務，到了晚上十二點，當我們已經進入夢鄉時，他們還在電腦前進行著工作，一直到凌晨兩點，他們才拖著疲憊的身體強迫自己躺到床上。

這是否與很多人的想像不符？他們怎麼不到處遊樂呢？他們為什麼要這麼拼命呢？他們不是手中有很多錢，可以好好地享受人生嗎？

只能說，影視作品誤人子弟，很多在創業初期的朋友最擔心的就是資金問題，他們手下要養活那麼多員工，沒有錢怎麼發薪水、租辦公室、讓公司運作呢？

如今很多知名的大企業家，如阿里巴巴前任總裁馬雲、菲律賓首富施至誠等，在剛起步時都曾為錢的事情操過不少心，再者，企業就像企業家的「孩子」，而這個「孩子」是由多人形成的，從而造成了管理上的難度，也容易孕育不穩定因素。

所以成功者頭上頂著的，不是一個人的壓力，而是幾十、幾百甚至成千上萬人的壓力，這種壓力迫使他們要拼命做出成績，以防自己退步，所以那些看起來表面光鮮的成功者們，其實活得比普通人更累。

古時梨園有句名言：「臺上一分鐘，臺下十年功。」成功者經過奮鬥，站在了光輝燦爛的舞臺上，人們只看見他們笑容滿面的時刻，卻沒看到他們在私底下付出的辛苦汗水，通往成功的道路，其實沒那麼簡單。

所幸有一點是令人欣慰的，那就是天道酬勤，當你確定了一個可行的目標，並為之奮鬥下去，終有一天會獲得回報。

就如雨後的甘露，必然會折射出五彩斑斕的陽光，只要努力去做，結果就會顯現。

我們無需感慨自己為成功而花費了十年功，也無需抱怨那十年功不被人們發現，成功就如爬山一樣，不經過長年攀爬，又怎會到達巔峰？

想成功嗎？那就去做吧！早晚有一天，那個成功的你，會感謝曾經努力的自己。

目錄

第一章　白手起家的「富一代」

第二章　半路轉行拼的是一種勇氣

第三章　跌倒了爬起來才是真英雄

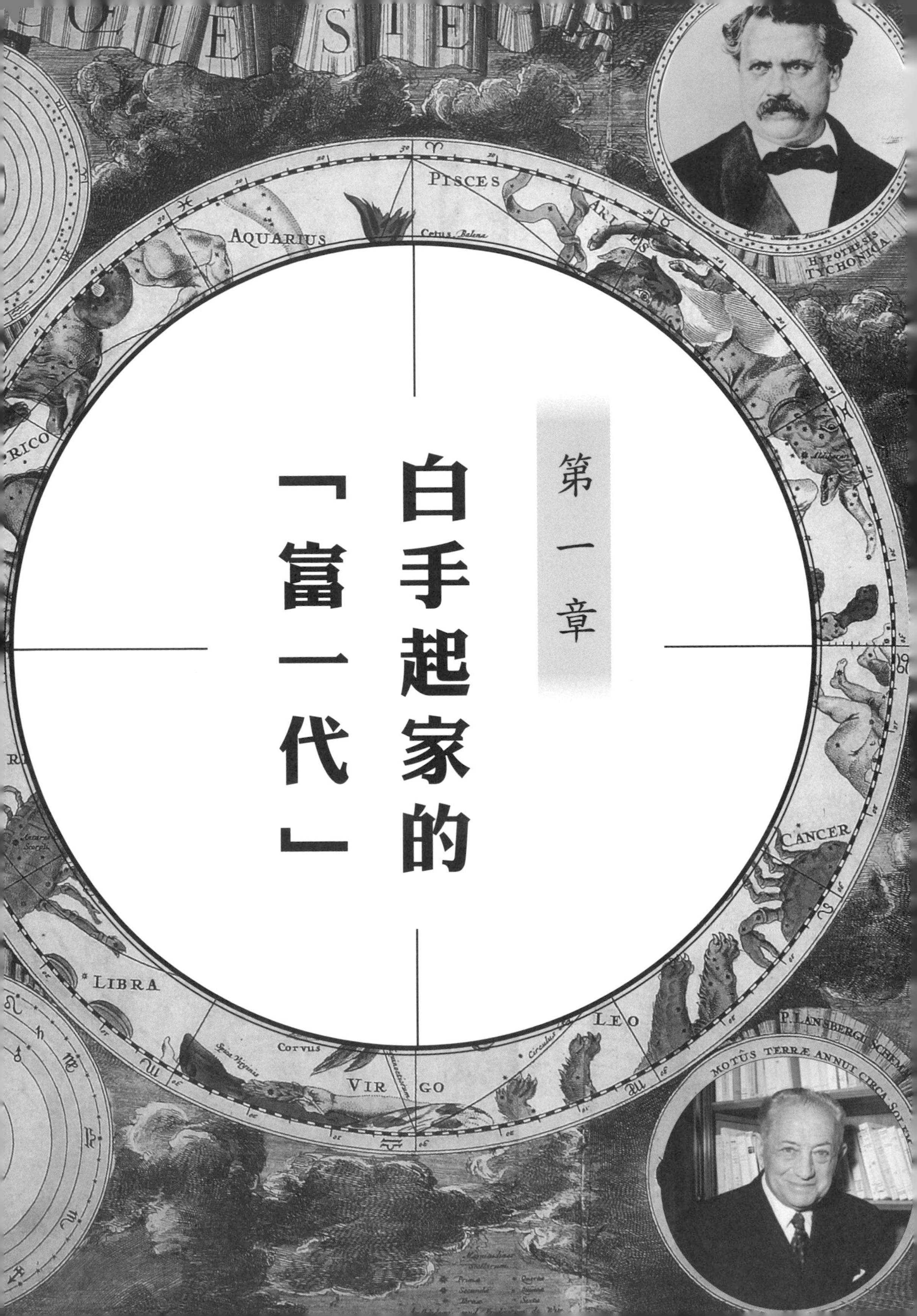

第一章

白手起家的「富一代」

PLANISPHÆRI
AQUARIUS
PISCES
ARIES
Cepheus
Draco
Berenices
Lira
SAGIT
RIU
VIRGO
LIBRA
SCORPIUS

差點惹來殺身之禍的窮木匠

路易．威登的皮箱傳奇

路易．威登（Louis Vuitton）檔案

國籍：法國。

籍貫：法國東部的Franche-Comte省。

出生年代：一八二一年。

身價：超過三百億歐元（假如他現在還活著的話）。

頭銜：世界頂級設計師、時尚界第一品牌LV的創始人。

這世上能令都市女人神魂顛倒的，唯有兩樣東西：愛情和包包，在某些國際性的都市，女人們更是可以為了一個名牌包而讓自己縮衣節食好幾個月。

男人們或許不理解女人們為何對名牌包如此狂熱，而他們或許更不知道，在一百多年前，有一個男人影響這一切的發生，他讓品牌成為令人趨之若鶩的東西，讓人們心甘情願花大錢來買比自身價值貴得多的服飾用品。

他就是路易．威登，一個從偏遠鄉下走出來的小木匠，在他來到巴黎之前，他從未想過自己的人生軌跡將會發生如此傳奇的變化。

一塊麵包改變了人生

在十四歲之前，路易．威登的人生軌跡跟每一個普通的鄉下孩子沒有什麼兩樣。他的父親是木匠，希望兒子將來也當一個做工精巧的匠人，便經常傳授給小路易一些技能，而且非常嚴厲。

路易除了要跟著父親學習外，還需要幫家裡工作，割草放羊等，誰都沒注意到，這個小小少年經常會呆呆地眺望遠方，眼中充滿渴望，他想要的生活，故鄉給不了他。

有時候，一些去巴黎打工回來的人會帶來時尚之都的一些最新資訊，這些人的穿著打扮也比家鄉人時髦很多，「巴黎」這個新鮮的辭彙逐漸在路易的腦海中紮根，他想：只有在那個大都市，我才能改變我的生活！

於是，十四歲的路易不顧父母反對，決意要去巴黎。別人問他為什麼要去那裡，他不敢說為了夢想，只是說要去賺大錢，這樣才符合大眾的想法嘛！

可是，你若打破砂鍋問到底，問他到底有何理想，他大概也說不出來，此時的他經驗不足，就算有一點木匠手藝，也不精通，拿不出手，所以他哪有什麼具體的想法呀！

就如剛進社會或面臨轉型的人，他們躊躇滿志，卻因為沒有經驗，未必能說出未來人生的具體規劃，總要等到自身有一定的累積，才會明白自己的人生走向。

所以說，人生總是在不斷變化的，有大志者，又何必急於一時。

少年路易好不容易闖進了巴黎，立刻被鱗比櫛次的高樓和熙熙攘攘的人群給震驚了！他戰戰兢兢地在馬路上走著，內心充滿了自卑和孤獨。

巴黎雖好，可是要是沒有錢，那就從天堂變成地獄了。

路易想在巴黎找一份工作，由於他長得過於瘦小，而且年齡也不夠大，所以沒有人雇用他，在奔波了近兩個月後，路易驚恐地發現：他的錢包裡連一個子兒也沒有了！

某一天，剛剛被一家工廠拒絕的路易失魂落魄地走在街上，七月毒辣的陽光照在他頭上，晃得他連眼睛都睜不開。

一連兩天沒吃飯的路易如同一個醉漢，踉踉蹌蹌地走著，他兩眼直冒金星，所看到的是大塊的黑色，呼吸也越來越急促。終於，他身子一歪，倒在了一家高級皮具店的門口。

店內的老闆娘很快發現了門前的路易，她心疼地看著路易瘦得凹進去的臉和發青的嘴唇，知道這孩子必定是餓暈了，就拿來一塊麵包，讓漸漸甦醒的路易吃。

路易感激得熱淚盈眶，也重新拾起對生活的信心，他告別了老闆娘，又開始找工作，終於在一家服裝工廠找到了一份捆衣服的工作。

可是，每天機械地將衣服打包，然後讓車運走，只要力氣大一點，誰都能做，這和他的專業技能相差太遠了！

路易工作了一年後，幡然醒悟：物質不能缺，但理想更重要，如果只是為了生存的話，那活一輩子又有什麼意思？

他想起了給予自己一飯之恩的皮具店老闆娘，便抱著試一試的態度來到店裡，請求恩人收他為徒。

店老闆娘看他是個吃苦耐勞的孩子，點頭答應了，就這樣，在經過多番磨難後，路易離他的夢想終於近了一步。

再不走可能就活不到明晚

路易確實很用功，常常工作到深夜，老闆勸他早點休息，他卻笑呵呵地說：「我年輕，不覺得辛苦。」

老闆很高興，將自身技藝悉數傳給路易，路易又聰明，善於將學到的東西與現實生活結合起來，懂得怎樣讓皮箱更結實、能容納更多的物品，所以日子

歐仁妮·德·蒙蒂若是法國歷史上最時尚的皇后，她成就了許多時尚奢侈品牌，諸如卡地亞、蒂芬尼、嬌蘭香水等，當然也包括大名鼎鼎的路易威登。

一久，他就成了店裡手藝最好的夥計，誰提起他，都會豎起大拇指。

此時，更大的機遇突然來臨。

在一個午後，一輛高大的馬車在皮具店前停了下來，接著，幾位穿著白色襯衣，束著寬腰帶的女士走進店中。

她們看了半天，鄙夷地說：「這裡怎麼連一個大箱子都沒有！」

路易一直在觀察她們，覺得這些女士是大貴族家的侍女，就趕緊笑著說：「大箱子是有的，只不過平常用不到那麼大，所以才把小箱子擺出來，如果我能去貴府看一看要裝的物品，一定能幫妳們訂製出一個非常合適的箱子。」

侍女們互相交換了一下眼色，點頭同意，她們再三叮囑路易不能亂說話，這讓路易非常好奇。

馬車最後進了皇宮的城門，路易才知道自己將要服務的，竟是拿破崙三世的妻子歐仁妮皇后！

當時法國剛剛通行了第一條火車，旅行成為上流社會的時尚愛好，熱情奔放的皇后同樣喜歡旅遊，所以她經常離開法國去其他國家遊玩。可惜皇后身邊的侍女對整理箱子並不擅長，而曾經在服裝廠工作的經歷竟意外地幫了路易，他向皇后展現了收拾衣物的絕佳技能。

皇后很高興，於是聘請路易專門為其捆紮行李和打包物品，就這樣，路易這個鄉下少年，一躍

MALLES ET SACS DE LOUIS VUITTON
Fabrique à ASNIÈRES (Seine)
SAC DE CABINE
MALLE CUIR POUR HOMMES
PARIS
1, Rue Scribe
LONDRES
454. Strand
MALLE POUR CHAPEAUX DE DAMES
CATALOGUE
franco
MALLE POUR HOMMES
BOITE POUR CHAPEAUX D'HOMMES

西元一八九八年的路易・威登箱包廣告。

成為皇室的御用打包師，可以說是草窩裡飛出了金鳳凰。

可是，福禍相依，路易很快發現皇后超級難伺候，歐仁妮非常自戀，總是宣稱她是月神下凡，要路易給她做的箱子也都是圓的。

皇后可不屑於在國外買箱子，可是她又要為自己添置上百件華服，於是在上火車的那一刻起，路易就得不停地做箱子，他曾經建議過皇后將箱子改成方正的形狀，以便節省空間，沒想到遭到皇后的一頓怒斥，只得作罷。

其實用圓箱子裝物品難不倒路易，他是木匠出身，懂得用一些小木條在箱子裡做分割，這樣物品被放進去以後就不會變形。

真正讓路易頭痛的，是皇后的浪漫性格。

一八五四年，就在路易為皇室效命的第十個年頭，皇后先後愛上好幾個外國情人，她要求路易做一個特大號的箱子，且內部按照人體結構巧妙設計，保證她的情人能舒舒服服地躺進去。

路易的心裡「咯噔」一下，他知道，這可是掉腦袋的工作啊！

可是皇后是他的雇主，他沒有辦法，只好做了幾個透氣的大箱子，讓皇后將那些箱子運到皇宮裡。

沒想到皇后沒有收斂，她的情人反而越來越多，這讓路易寢食難安，他擔憂地想：糟了！再任由皇后這樣下去，恐怕自己都活不過明天晚上了！

旅途小細節成就大設計師

路易沒多久就向皇后請辭，也許皇后也厭倦了這個總是板著一張臉的工匠，就給了路易一大筆錢，讓他離開了。

重獲自由的路易深吸一口氣，慶幸自己的劫後餘生，決定要闖出一番事業，才不枉這跌宕起伏的一生。

在服侍皇后的十年中，路易發現了一種很有趣的現象：旅行者們狂熱的火車旅行，可是他們的旅行箱卻總在火車的顛簸中一次一次地摔倒，而箱子裡的衣服也是皺皺巴巴，拿出來就得熨燙，否則無法穿上身。

為什麼不設計一種能為旅人免去煩惱的旅行箱呢？路易心想。

曾經的「方箱」構思又在他心中激盪，他用多年的積蓄在香榭麗舍大道開了一家皮箱店，並推出了自己的第一款平頂箱。

同時，他打出了自己的皇室御用工匠身分，讓無數人知道他的箱子流淌著皇室的血脈。

路易總是善於把握機會，他不會放棄人生中任何一點能為自己加分的有利經歷。

由於路易的旅行箱與皮包的製作技藝超凡，並且以獨創的布料而贏得了「滴水不漏」的美譽，很快地，法國上流社會的人都來購買路易的皮箱，連俄國和西班牙王室都慕名前來，要路易為他們訂製皮箱。

伴隨著路易的成功，模仿者也接踵而至。

為了打擊「盜版」，路易在一八七二年在灰色帆布中加入了紅白色條紋；十六年後，他的兒子佐治．威登接管公司業務，推出了更複雜的啡白格子新圖案，並在圖案中相間地印上L.Vuitton的字樣，從此，「LV」這個標誌深入人心。

這種護權的行為在當時是難以模仿的，也相應地保護了LV的品牌。

從開店到成為世界頂級品牌，一百五十年間，LV的發展令人驚嘆，人們在追求LV系列的同時，應該感謝路易．威登這位創始人，是他創造了高級訂製的概念，也教會了世人永不放棄是一種怎樣的精神。

路易．威登語錄——關於品牌定位

「人生就是一場旅行。」

解析：在路易創造路易．威登這個品牌時，他便下決心以「旅行」做為自己皮箱的功能特徵，不過有意思的是，歷史上關於路易的語錄非常稀少，也許他在創業之初壓根兒就沒想到自己將來會擁有一個龐大的皮箱帝國吧！

恩內斯特的野心

在硝煙中崛起的鑽石王國

恩內斯特．歐本海默（Earnest Oppenheimer）檔案

國籍：德國。

出生年代：一八八〇年。

成就：創造了一個占世界鑽石產量百分之八十的鑽石王國（截止至一九五〇年）

鑽石恆久遠，一顆永流傳。

這句膾炙人口的廣告詞是鑽石帝國戴．比爾斯公司的象徵，如今它已經收到了公司想要的效果：情侶求婚需要獻上一枚鑲嵌著鑽石的戒指，不給就說明誠意不夠。

在戴．比爾斯的品牌行銷背後，是前董事會主席歐本海默家族的三代辛苦經營。外行人並不知道，公司最初的鑽石得來艱難，它的創始人恩內斯特．歐本海默竟要冒著槍林彈雨，甚至捨棄生命才能將業務壯大下去，這種為了夢想而不怕死的野心，試問如今又有幾個人能做到呢？

放羊的孩子與一夜暴富的傳說

一八六六年，南非一個放羊的小女孩在荒地裡撿到了一顆漂亮的「石頭」，她高興地舉著「石頭」往回家方向走，被一個獵人看見了，請小女孩將「石頭」送給他，不明就裡的孩子就將手中的珍貴之物交了出去。

後來，獵人用這顆「石頭」換得了一輛敞篷車、十頭牛和五百頭肥羊，原來，這不是普通的石頭，而是重達八十三．五克拉的鑽石──「南非之星」！

一時間，全世界的人們蜂擁而至，整個南非被掘地三尺，從此成為世界鑽石的主要產地。這時，戴．比爾斯的第一代掌門人恩內斯特還未出生。

十四年後，一個猶太家庭生下了恩內斯特，該家族以製造雪茄維生，但恩內斯特從小就不喜歡製菸，他一心想往外面闖。

他的大哥路易士也有同樣的想法，兄弟二人一拍即合，前往倫敦闖天下。當他們到達目的地後，恩內斯特豪氣沖天地對大哥說：「我相信早晚有一天，我們一定會成功的！」

十六歲那年，兄弟二人成為了猶太鑽石商鄧克爾斯．布勒的員工，恩內斯特的主要任務是挑選出有瑕疵的鑽石，每週能賺到一英鎊。

鄧克爾斯有著猶太人精明的眼光，他很快就注意到了恩內斯特，他發現這個少年天賦異稟，即便鑽石上的瑕疵再小，恩內斯特也總能察覺出來。

於是，鄧克爾斯幫助恩內斯特取得了英國國籍，但天下沒有免費的午餐，恩內斯特很快被派往南非金伯利，開始在地球的另一端工作。

恩內斯特卻無所謂，他認為男兒志在四方，在哪裡工作都一樣，只要能發達就行。

在當地，他也聽說了放羊娃與「南非之星」的故事，內心頓時澎湃不已。

為什麼要替別人打工呢？我的能力就像那顆鑽石，被別人以極低的價格收買，但實際上，我的價值要超越眼前的成百上千倍啊！他激動地想。

這時，另一個靠挖鑽石而暴富的人進入了恩內斯特的視線，他就是英國人塞西爾・羅茲。

戰爭不會虧待冒險家

塞西爾是戴・比爾斯的開創者，他運氣不錯，也挖到了一顆重達八十多克拉的鑽石，在賣掉這顆鑽石後，他得到了開採鑽礦的第一桶金。

塞西爾的口才很好，他連買帶騙，從南非部落酋長那裡得到了金伯利最大的鑽礦——「鑽石之城」，有了原料之後，鑽石公司就很順利地建立起來。

塞西爾的發跡引起了恩內斯特的注意，恩內斯特知道塞西爾一直想將鑽石的經營壟斷，可是德國在納米比亞有一塊很大的鑽礦與戴・比爾斯相抗衡，所以塞西爾的這個願望始終無法實現。

恩內斯特暗暗發誓，戴・比爾斯早晚有一天將會屬於自己。

他覺得自己的經歷很有優勢，他熟悉德國與英國的語言和文化，與兩國的礦石公司打交道應該沒有任何問題。

於是，膽大的恩內斯特當了英德殖民者之間的「橋樑」，這份工作看起來很容易，實則要冒很大風險，因為南非土著對殖民者非常排斥。

時間證明恩內斯特是對的，他對殖民勢力的分析就如同看待鑽石一般透徹，英德在南非的勢力逐漸增長，他也獲得了豐厚的回報，甚至在一九一二年被商人推舉，當上了金伯利市的市長。

好運還沒有結束。一戰爆發了，德國人的鑽礦被南非軍隊佔領，成了一個燙手山芋。

恩內斯特高興極了，他拿著多年的積蓄去找德國人購買鑽礦，而且出價奇低無比。

德國人見南非士兵來勢洶洶，心裡犯起了嘀咕：如果礦場被佔，那不是虧本了嗎？要是永遠收不回來，那麼拖一天就是多賠一天啊！

輸不起的德國人將礦場賣給了恩內斯特，這樣恩內斯特就擁有了自己的第一個鑽礦。

戰爭結束後，塞西爾再次萌生壟斷的想法，他來找恩內斯特聯盟，後者表示支持，但提出了一個要求：自己要拿到戴・比爾斯的股份，並進入董事會。

塞西爾勉強同意了。

差點葬身在魚雷下的鉅富

別看恩內斯特的事業發展得如此順利，就以為他從未有過絕望的時候。

其實每一位創業者在奮鬥過程中都會經歷身心疲憊的時刻，而恩內斯特的故事則更加傳奇，他曾體驗了從鬼門關走了一圈的感受。

在第一次世界大戰末期，他坐船穿越火線去談判，由於船上懸掛的是英國旗幟，德國的潛艇立刻向恩內斯特的船發射了兩枚魚雷。

船被擊沉，倒楣的恩內斯特掉入海裡，那一刻，他想：我這輩子不會就這麼完了吧？

幸好附近有一艘英國軍艦，艦隊上的軍人把他救了上來，才讓他撿回一命，為此，英國國王喬治五世還特地為他頒發勳章，授予他爵士頭銜。

恩內斯特因禍得福，一下子打入南非的政治體系中，憑藉政治上的人脈，一九二七年他拿下了一個新的鑽礦，一躍成為戴．比爾斯的董事長和總經理。

當手中握有很多資源時，辦事也會順利很多。

兩年後，美國股市崩潰，歐美爆發了一場嚴重的經濟危機。

又過了兩年，全球唯一可以與戴．比爾斯分庭抗禮的倫敦鑽石企業聯盟瀕臨破產，而戴．比爾斯儘管也承受了相當大的打擊，但仍有能力將鑽石企業聯盟收入囊中，而且恩內斯特開出來的價錢依然低得可憐。

這時，恩內斯特已經完成了他的資本累積和結構重組，一個嶄新的鑽石帝國從他手裡誕生了！

可是讓人想不到的是，他要做的第一件事就是關閉所有的鑽礦，讓以前每年兩千兩百萬克拉的產量降到只剩一萬四千克拉。

除此以外，他還購買剛果和安哥拉的一些零星鑽石。

其實恩內斯特採取的是「飢餓行銷」政策，即讓鑽石的供應量遠遠低於需求量，物以稀為貴，鑽石的價格自然就上去了。

但這樣一來，很多鑽石積壓在倉庫裡，對企業來說也是一種負擔，恩內斯特又首創鑽石分類標準，將切工、色澤、純淨度和克拉做為給鑽石評級打分的四大特徵。

也許消費者們會怨恨恩內斯特，他手頭有著大批鑽石，卻還搞出那麼多花樣來賺取大家的錢，可是做為一個商人，他的經營策略無疑是成功的。

一九五〇年，恩內斯特在花園散步時，突然死於中風，結束了他的傳奇一生。

他的兒子和孫子繼承了戴．比爾斯，並進一步使該公司發展壯大。

二〇〇八年，金融危機爆發，殃及很多行業，全球鑽石需求陷入停滯，下滑將近一半以上。

到了二〇一一年，恩內斯特的孫子尼克不得不將戴．比爾斯賣給了英美資源集團。英美資源集團從一九二六年以來，便一直是戴．比爾斯的主要股東，並且對鑽石業務有深入的瞭解，因此它是歐本海默家族利益的天然歸宿。

恩內斯特．歐本海默語錄——提升自身價值的方法

「常識教會我們，提升鑽石價值的唯一方法就是使其變得稀缺，所以要減少產量。」

解析：此話應用於人生，也同樣適用。

潦倒到變賣妻子嫁妝的汽車巨頭

「高級技工」賓士

卡爾·賓士（Karl Friedrich Benz）檔案

國籍：德國。

籍貫：巴登大公國卡爾斯魯厄。

出生年代：一八四四年。

職業：企業家、發明家、工程師。

頭銜：德國戴姆勒－賓士公司創始人、汽車之父、汽車鼻祖。

曾經在網路上有則非常搞笑的新聞：一賓士車主和一保時捷車主因超車而發生爭鬥，前者怒打後者，並憤怒地狂吼：「我們窮人也是人啊！」

當事人的這種攀比心理固然不可取，不過他也不用那麼自卑，賓士就算不是最昂貴的品牌，也依舊能進入世界一流汽車的行列，而且世界上的第一輛汽車就是賓士車。

所以，發明賓士汽車的人是十分值得大家尊敬的，他叫卡爾・賓士，德國人。你也許會問，卡爾・賓士一定是個富貴之人吧？沒錯，那是在他製造汽車之後，而在此之前，他卻總是與破產進行著不停的抗爭，未來究竟會怎樣，他連想都不敢想。

誰都會有艱難的早期

賓士是個苦孩子，一出生就命途多舛，在他兩歲時，父親因火車事故而離開人世。賓士跟著母親長大，對於父親，除了知道對方是個火車司機外，幾乎一無所知。

倒是母親總是很憂傷地對兒子說：「你千萬不要碰機械方面的東西，那太危險了！」賓士沒有聽從母親的話，他在上中學時對自然科學產生了濃厚的興趣，總是偷偷摸摸地研究一些小零件，這讓母親十分焦慮。

由於家裡太窮，賓士偶爾給別人修手錶來賺零用錢，這件事情後來讓母親知道了，她見兒子繼承了丈夫的機械技能，不得不妥協，轉而支持兒子的愛好。

一八六〇年，賓士進了一所科技學校，學到了關於機械學和動力學方面的很多知識。

這時候的賓士還不知道將來自己會發明一種全新的機械，他畢業後陸續為多家工廠和建築公司打過工，最後還是決定自行創業。

一八七二年，他以自己的名字辦了第一個廠——賓士鐵器鑄造和機械工廠，專門生產建築材料。

可惜他生不逢時，當時的建築業頗為不景氣，再加上沒有經驗，不到一年，工廠就面臨倒閉的風險。

賓士的創業資金都是向朋友借的，他心中充滿愧疚，整日躲在房間裡不肯出來，好在他的朋友們都沒有來催債，讓賓士非常感動。

想翻身，沒有資金怎麼辦？

在最落魄的時候，賓士也沒有亂了陣腳，他開始總結經驗教訓，意識到要想讓自己的產品被大眾認可，就得真正滿足大眾的需要，同時不能被輕易模仿。

怎樣才能同時達到這兩點呢？

賓士想到了自己的機械技能，他決定發明發動機來獲取高額利潤，儘管他從未學過發動機的工作原理。

賓士是個不畏艱難的人，他馬上以全副精力投入到對發動機的學習中，最終拿到了製造雙衝程和四衝程發動機的生產執照。

可是接下來的問題比學習要難多了：沒有資金，還欠了一屁股債，該怎麼成立公司呢？

就在賓士一籌莫展的時候，他的妻子深明大義，對老公說：「把我的嫁妝和首飾賣了吧！你的錢就應該能湊足了。」

賓士心中沉重，他知道那些珠寶是妻子的心愛之物，妻子笑著鼓勵丈夫，說等有錢再給她買更好看的首飾就行，賓士看著賢惠的妻子，重重地點了點頭。

一八七八年，賓士的發動機製造公司正式掛牌營業，在此後的一年裡，他不斷地設計和研發，終於在一八七九年的最後一天製造出世界上第一臺單缸煤氣發動機。

可別小看這臺發動機，之前也有人想以煤氣為燃料製造發動機，可是煤氣容易爆炸，所以這種發動機很不安全。

卡爾．賓士和他的妻子貝莎。

賓士改進了發動機的構造，將爆炸的危險降到極低的程度，從而保障了使用者的人身安全。

這一次，賓士就鹹魚翻身了嗎？

沒有，他依舊在貧困線上掙扎，破產的陰影始終籠罩在他的心頭。

「汽車之父」也一度因害怕嘲諷而缺乏自信

賓士天生有著百折不撓的精神，儘管單缸發動機幾乎沒有帶給他任何回報，他仍堅持要將自己的產品推廣出去。

由於找不到機械商進行合作，賓士決定自己生產一輛帶單缸發動機的汽車，為此他更加廢寢忘食，哪怕一連幾年都吃不飽飯，也要把他的發明完成。

在此期間，他幸運地得到了皇家攝影師比勒的資助，從而度過了六、七年的艱難時光。

一八八五年，賓士製成了世界上第一臺以汽車內燃機為引擎的三輪汽車，這一年，德國人戴姆勒也發明了汽車，只是兩位發明家彼此還不知道對方的存在。

一開始，賓士的汽車還不完善，開一小段路就拋錨了，還不斷地冒著黑煙，看熱鬧的人無不嘲笑道：「你就生產出這麼一臺散發著臭氣的怪物呀！」

賓士很灰心，變得自卑起來，即使他後來又改進了汽車的構造，卻還是不敢在大街上堂而皇之地駕駛他的發明。

妻子貝莎非常擔心，她鼓勵丈夫：「你的車很棒，快開出去讓人們看看，他們一定會驚訝地合不攏嘴的！」

可是賓士還是不敢，他的自信幾乎在之前的十幾年倒楣歲月中被磨光了。貝莎決定做一個大膽的舉動，這一天，她帶著兩個孩子，開著賓士的汽車，去一百多公里外的娘家探親。

當妻子走了之後，賓士的內心十分忐忑，他怕妻子行到中途因汽車拋錨而不知所措，實際上，真正心慌意亂的該是他自己。

當時，全世界還沒有任何一輛汽車跑過這麼遠的路程。

在路上，貝莎和兩個孩子解決了很多難題：發動機的油路堵塞了，就用髮針把它疏通；電器設備發生短路，就用襪帶做絕緣墊；剎車皮又磨壞了，不得不求助一位鞋匠才將剎車皮重新修好……

直到日落西山，母子三人才又餓又累到達目的地。孩子的祖母驚嘆不已，小城的人也紛紛跑出來圍觀這個「怪物」。

傍晚，賓士接到了妻子發來的電報：車子已通過考驗，請速申請參加慕尼克博覽會。

賓士非常地激動，他馬上帶著汽車參與博覽會，並大獲成功，人們驚訝於不需要馬車也無需人力的汽車，便抱著好奇的態度向賓士大量購買汽車。

很快，「賓士」品牌就在德國打響了，賓士後來又對汽車做了改動，使其價格低廉，更容易被公眾接受。

這便是汽車之父的奮鬥歷程，他這一生要感謝兩個人：一個是他自己，一個是他妻子，沒有夫妻二人向挫折不斷挑戰的信心，就沒有世界知名品牌賓士的誕生。

卡爾．賓士語錄——怎樣做事

1「要嘛不做，要做就做到最好！」

2「發明的過程比發明的結果美好千倍。」

3「我堅信：創造的熱情將永不熄滅。」

解析：這是對希望、奮鬥最好的詮釋。

4 渴望走出山村的牧童
「現代汽車之父」鄭周永

鄭周永檔案

籍貫：朝鮮江原道。

國籍：韓國。

出生年代：一九一五年。

身價：八百七十三億美元（截止至二〇〇〇年）。

職業：韓國現代公司董事長。

業績：二十世紀末，現代集團擁有八十多個子公司、十八萬名員工，囊括十大行業，年銷售額相當於韓國政府全年預算。

頭銜：現代汽車創始人、曾經的韓國首富。

說起韓國現代，很多人應該不會陌生，現代集團最常見的產品就是汽車了，這是韓國人頗為自豪的本土品牌。

不過，現代汽車的創始人鄭周永可並非韓國人，他籍貫朝鮮，當年不過是一個窮山溝裡的小小放牛娃。

為了出人頭地，他竟然將家中唯一值錢的一頭牛給賣掉，然後隻身到漢城（也就是韓國首都首爾）闖蕩。可見，如果你想創造百億美元的商業帝國，可能在挖第一桶金的時候，只需要一頭牛的資本而已。

叛逆的他竟「自尋死路」

二十世紀早期，鄭周永出生於一個農民家庭，在他的家鄉，人們的生活都很貧困，雖然吃苦耐勞，卻始終無法過著小康生活。

鄭周永的家漸漸人丁興旺，他有八個弟弟和妹妹，因此也擔負起照顧全家人的責任。

他的父親對他非常嚴苛，當他長到十歲時，父親就開始在凌晨四點叫醒他，敦促他趕十五里路去農田工作，而且每天都如此，為的是讓鄭周永給弟妹做一個好榜樣，農民家的孩子不能偷懶啊！

長年累月的農田工作讓鄭周永看不到任何希望，即便風調雨順，全家人也只夠溫飽，碰到天災就過得更慘了。

慢慢地，鄭周永的心中萌生出這樣一個念頭：與其在困境中打轉，為什麼不想辦法改變呢？也許壞事就能變好呢？

他想去外面的世界看一看，可是父親卻對外界有著與生俱來的恐懼，便警告兒子：「出去有什麼好的！還不如在家裡舒服自在！」

鄭周永可不吃這一套，他頂嘴道：「你又沒出去過，怎麼知道外面不如家裡好？」父親一聽，氣得火冒三丈，拿起一根藤條就開始打兒子，邊打邊罵：「還敢頂嘴？不許出去，知不知道！」

豈料鄭周永不怕挨打，他就是要出去找工作。

有一回他去放牛，忽然有了想法，就把牛牽到市集上去賣，當錢拿到手後，他沒有回家，而是直接跑到仁川碼頭，當了一名搬運工人。

在此之前，他已經出走過三回，但每一次都被父親擰著耳朵帶回家。可是這一次，他居然把全家最值錢的牛給賣掉了，這不是讓全家人去喝西北風嗎？

當父親再一次找到兒子時，這個臉上刻滿了歲月風霜的老漢不禁淚如雨下，他指著兒子的鼻子罵道：「你這不是在自尋死路嗎？你讓全家人怎麼生活？」

鄭周永也有點後悔，但這次他說什麼也不肯跟父親回去，他勸慰道：「放心吧，過幾年我一定讓你們過上好日子的！」

老天怎能一再欺負人

將近一年的時間，鄭周永都在漢城當工人，以他這種沒有任何技能，也沒有上過學的經歷來說，除了做費體力的工作，他還能做什麼呢？

快二十歲的時候，鄭周永偶然間走進了一家米店，想尋求一份搬運米袋的工作，老闆看他忠厚老實，就收留了他。

從此，鄭周永就在米店裡安頓下來，他不僅工作賣力，還主動跟一些客戶搞好關係，讓老闆十分欣慰。

漸漸地，老闆不讓鄭周永扛米了，轉而讓他做一些帳房上的記錄，而且待遇也提高不少。鄭周永這才第一次感覺到踏實，這也是他離家在外遇到的第一個轉機。

幾年後，米店老闆病重，而他唯一的兒子整天不務正業，老闆深思熟慮，覺得還是鄭周永最可靠，就免費讓對方來打點店裡的一切。

這真是個意外驚喜！鄭周永非常感激老闆，他努力操辦著店裡的大小事務，還將賺下來的錢寄給家裡，讓父親添置田地，他要履行自己的承諾。

當時，鄭周永的妻子邊仲錫剛過門，留在老家種田，由於婆家的日子實在艱難，邊仲錫一度還在馬路邊擺起豆腐攤，以維持一家人的生活。

遠在漢城的鄭周永不知道這回事，他正滿懷信心地想把米店的生意壯大下去，豈料厄運突然降臨：日本發動了侵華戰爭，對朝鮮實施糧食配給制度，勒令全朝鮮的米店都關門大吉，這無異於毀掉了鄭周永的生路。

既然開不了米店，那就改做其他行業吧！

當時馬路上的汽車越來越多，鄭周永覺得汽修有賺頭，就向好友借了一些錢，開了一家汽修工廠。

孰料人在背運時，真是連喝口水都會塞牙，工廠開張還沒到五天，就被一場突如其來的大火燒了個精光，鄭周永徹底成了窮光蛋！

虧損千萬換來了韓國首富

鄭周永沒有放棄，因為全家有二十幾口人，全都仰仗著鄭周永吃飯呢！

鄭周永決定再度創業，他厚著臉皮向熟悉的客戶借錢，沒想到人家沒有多問，就把錢借給他了，還說：「你辦事一直很牢靠，我放心！」

信譽就是一切，這是鄭周永從中學到的，在此後的幾十年中，他一直堅守這一原則，因為只有贏得良好的口碑，產品才有說服力。

一九四〇年，鄭周永的汽修廠重新開張，並且招募了一百六十名員工。為了節約薪水，他讓自己的母親和妻子當伙夫，每天為這麼多人做飯，結果勤快的婆媳倆整天忙得腳不沾地，到了晚上才能歇一歇。

鄭周永也沒悠閒到哪裡去，他的早飯永遠是一碗粥和一小碟泡菜，每天除了吃飯和睡覺，他一直泡在工廠裡，在此期間，他學會了發動機的構造和汽車啟動原理。

辛苦總是有回報的，鄭周永的工廠越來越興旺了。

一九四五年，第二次世界大戰結束，日本撤離漢城，鄭周永與朋友們買下了原本被日軍侵佔的一處房產，並首次掛起了「現代」的牌子，此時，現代集團已經初具規模。

不過，鄭周永意識到，光靠汽車修理還不足以獲得大量的利潤，而戰後的朝鮮需要重建，建築業將會是一個熱門行業。

於是，他又想開一家「現代土建社」。

此舉讓他的朋友們大吃一驚，紛紛勸他不要冒險，畢竟建築行業是他從未涉獵過的，可是鄭周永不聽勸告，他滿不在乎地說：「我在碼頭上也幫人蓋過房子，我有大把的經驗！」

很快地，現代土建開始營運，並在一九五〇年和現代汽車合併，變成現代建設股份有限公司。

不久後，朝鮮戰爭爆發，鄭周永接到了美軍的不少工程，大大地賺了一筆，他以為這下可以一帆風順了，豈料困難再一次擺到他面前。

一九五三年，他開始接手高靈橋工程，誰知該工程位於山洪多發區，十三座橋墩用了一年的時間還是沒有修好，鄭周永這才醒悟過來：他的設備太落後了。

不巧的是，此時物價也開始飛漲，工程支出超過預算六千五百多萬元，眼看這個巨大的漏洞就要拖垮公司，鄭周永暗暗發誓：就算傾家蕩產，也絕不拖欠任何一個工人的薪水！

他賣掉了全家人的房子，總算籌足了現金，才不至於讓現代走入絕境。

雖然高靈橋工程讓鄭周永一度焦頭爛額，但大橋造好後，現代集團卻受到了政府的高度讚賞，也因此得到了一項意外的收穫——政府的信任，這為現代日後贏得政府專案奠定了基礎。

鄭周永也迅速汲取了教訓，他改進了技術和設備，讓現代得以躋身於建築界的強手之列。

接下來，鄭周永和現代終於徹底翻身，現代在國內大展拳腳，還在一九七六年打敗了英美等發達國家，一舉奪得沙特朱拜勒產業港的國際專案。

除了建築，鄭周永沒有忘記汽車業的發展。他於一九六七年十二月建立了現代汽車公司，並與美國福特汽車合作，向其購買生產轎車所必須的先進技術。

一九七六年，第一輛現代汽車推向韓國市場，獲得巨大成功，現代汽車從此成為一匹黑馬，雄踞國內汽車市場首位足足達二十年之久！

鄭周永成了韓國首富，可是他銘記著曾經的苦難和失敗經驗，毫無炫耀之心。對於成功，他認為沒有捷徑可走，唯「勤奮」二字。當一個人付出十倍的努力去工作時，現實就會給他十倍的回報，這是必然的規律，所以不用怨恨老天，老天從來不會虧待努力之人。

鄭周永語錄——企業是什麼

「企業不是賺錢的機器，而是創造社會財富和精神財富，引導國民奮發向上的特殊團體。」

解析：與財富和地位一同提升的，應是社會責任感，因為企業家已不再是孤身一人，而是影響力巨大的一位領袖。

到處擺地攤的「移動小販」

歐仁・舒萊爾的推廣手法

歐仁・舒萊爾檔案
國籍：法國。
籍貫：阿爾薩斯。
出生年代：一八八一年。
榮譽：獲得一九五三年奧斯卡廣告獎。
創業資金：八百法郎。
後人身價：兩百億美元（截止至二〇一一年）。
職業：世界最大化妝品品牌萊雅的掌門人。
頭銜：歐洲頂級富豪之一、世界前二十位富豪之一。

對很多人來說，歐仁・舒萊爾這個名字似乎很陌生，但說起法國知名化妝品牌萊雅，大家就會恍然大悟，沒錯，他就是萊雅的發明人和創始人，也是舒萊爾這個名門望族的貢獻者。

創業的第一步總是很難，舒萊爾賣過甜點、當過流動商販、做過大學助教，看起來跟化妝品沒有絲毫關係，那麼，他是怎麼走上化妝品的生產和銷售之路的呢？

從「富二代」到流浪甜點師

本來，舒萊爾的人生藍圖是非常美好的。

他出生在巴黎一個商人家庭，父親是甜點鋪的老闆，一心希望兒子能繼承家業。舒萊爾快快樂樂地讀到國小畢業，然後跟著父親在家裡學做生意，一切跡象都顯示，他將來肯定會經營甜點鋪，他甚至還幻想怎樣把店鋪生意做大，最好能在法國連鎖經營。

誰知，天有不測風雲，在他十歲那年，經濟蕭條之風忽然吹起，把舒萊爾一家的財源全部給吹走了。

父親破產了，租不起巴黎的昂貴店鋪，只能舉家搬遷到巴黎西郊的市鎮訥伊，此外，他的身分也發生了變化，他不再是老闆，而是一個戴著白色甜點帽、為學生們烤蛋糕和麵包的甜點師傅。

同樣，舒萊爾的身分也一落千丈，他再也不是衣食無憂的貴公子了，以前的錦衣玉食變得跟他沒有任何關係。

幸好，父親供職的聖克魯瓦中學對舒萊爾網開一面，同意他入校，而該校是外交官、將軍和內閣官員頻頻出入的地方，這讓舒萊爾全家都興奮不已。

可惜老天總是很吝嗇，祂要你接受磨難，就不會給你太多的希望。幾年後，舒萊爾的父親受到更大的打擊，在訥伊也待不下去了，只能攜全家回到阿爾薩斯。

這一次，他們再也租不起店鋪，只能去市場上擺攤度日。舒萊爾也被迫輟學，做起甜點夥計的工作。每天天還沒亮，他就和父母起床製作甜點，等到太陽升起時，他又跟著母親去市集叫賣剛做出來的甜點。

這個小少年兩眼無神，哈欠不斷，還要不斷提防市場管理員的出現，因為他們一家連攤位費都繳不起了。

理髮店突然闖進一位奇怪的推銷員

舒萊爾還是想上學，他覺得唯有知識能改變命運。

他的父母深明大義，縮衣節食為兒子湊學費，舒萊爾也很爭氣，一九〇〇年考上了巴黎化學研究所，三年後順利畢業，在巴黎大學任助教一職，這比起從前的流浪生活，已經算是人間天堂了。

然而，舒萊爾並非普通人，他想要有更大的發展，當他看到巴黎大學的設備破舊簡陋，而且提供給教師的研究資金特別少時，心中非常不滿。

他對學校提了幾次要求，卻沒有一次能得到回應。年輕氣盛的舒萊爾差點就想撒手不幹了，可是一想到以前的艱苦生活，他只能咬牙忍耐著。

幸虧他遇到了奧熱教授，他對舒萊爾的才華非常賞識，也知道這個年輕人只不過缺個發展的機會，就介紹他進了法國中央製藥廠。

此時，舒萊爾的化妝品帝國才初露端倪，他在製藥廠裡學到了研製染髮劑的技術，但這還遠遠不夠，他意識到用植物為主要原料來製作的染髮劑效果很一般，不如在染髮產品中添加一些化合物，這樣的話功效會顯著百倍。

舒萊爾非常聰明，又肯鑽研，他很快將自己發明的染髮劑製造了出來，灌在一個設計好的瓶子裡，取名為「萊雅」。

緊接著，巴黎市內的各大理髮店都會出現一位奇怪的推銷員，他穿著白大褂，拿著幾瓶染髮劑，對店內的理髮師死纏爛打，不停宣稱：我的產品無害又好用，購買絕對超值！

理髮師們被纏得煩了，只好買下一瓶舒萊爾的染髮產品，沒想到效果確實不錯，他們似乎忘了先前對舒萊爾有多不耐煩，反而爭相去找對方，請求舒萊爾賣給他們更多的染髮劑。

八百法郎建立化妝品帝國

舒萊爾見自己的產品這麼受歡迎，自然很高興，同時萌生了把生意做大的想法，於是他湊了八百法郎，在巴黎的阿爾熱大街開了一家染髮劑公司。

說到這裡，大家才發現，原來萊雅最初是靠染髮劑發跡的，而舒萊爾最初的生意並不好做。他的公司說穿了就是一間有一廚一衛的房子，廚房被當作展示廳，而臥室用來做實驗，晚上舒萊爾要研發產品，白天又要找理髮師推銷，他彷彿又回到了十幾歲時的疲憊時光，每天都很累，不過這一次，他的鬥志十足。

他有幸找到了一位投資人，對方是個剛繼承了兩萬五千法郎的會計，這可比八百法郎強多了！就這樣，舒萊爾的公司更名為「萊雅」，並搬到了羅浮宮大街的一間房子裡，還聘請到了俄羅斯前御用宮廷理髮師為其做產品代言。

舒萊爾從小就在市集上叫賣產品，他明白廣告的重要意義，為了讓染髮劑更有知名度，他甚至還創辦了一份專業報紙——《巴黎髮型》來推銷，這讓公司的銷量成倍增長。

在整個二十世紀二〇年代，舒萊爾分別合併了塑膠、香皂公司，並開始生產噴漆，他的推廣手法也在不斷進步，已經能熟練藉助電視臺進行更大範圍的宣傳。

到了一九三四年，萊雅又研發出多普洗髮乳，第二年，防曬乳液問世，從此，化妝品在萊雅的生產中佔了一席之地，並流傳至今。

一九三九年，萊雅已經有一千多位員工了，銷售代表佔了三百多人，這樣的人員配置在如今看來，已經是一個大公司了，更何況舒萊爾的年代與我們相差七十多年！

一九五七年，舒萊爾逝世，留給他的獨生女一座價值百億美元的化妝品帝國。

舒萊爾用他的一生告訴我們，出身並不重要，因為即使是富二代，如果運氣不好，也會有潦倒的那一天，但精通一門技藝，靠自己，就足以應對任何難題，所以真正的財富，應該掌握在自己手裡。

歐仁．舒萊爾語錄——關於說服

「我不喜歡下命令，我喜歡說服。」

解析：舒萊爾有著傑出的廣告策劃才能，他是第一個發明護髮品廣告中甩頭動作的人，也是第一個刊登大樓和車身廣告的人，他甚至創作了世界上第一首廣告歌，他那強大的廣告推銷能力讓他獲得了一九五三年的「奧斯卡廣告獎」。

從小就開始打工的「小氣鬼」
山姆・沃爾頓的生意經

山姆・沃爾頓（Sam Walton）檔案

國籍：美國。

籍貫：奧克拉荷馬州金費舍爾。

出生年代：一九一八年。

後人身價：一千兩百三十一億六千五百美元（截止至二〇一四年）

頭銜：全球最大的公司——沃爾瑪的創始人、二十世紀八〇年代的美國首富。

世界上最大的公司是哪一家？

很多人也許說不出來，因為國際性的大企業很多，細數我們正在使用的外國品牌，有哪一個不是特大型公司呢？

如果按照營業額來計算，沃爾瑪當屬世界第一大公司無疑，它擁有著最多的雇員、八千五百家門市、十五個國家的分公司，還曾連續三年在美國《財富》雜誌中佔世界五百強之首，這一切都要歸功於創始人山姆．沃爾頓的努力。

沃爾頓從七歲起就開始打工，因為認識到生活的艱辛，他變成了一個「小氣鬼」，沒想到節儉到了他手裡，卻演繹出新的意義，有誰會想到，沃爾瑪之所以能發跡，全仰賴著沃爾頓的「小氣經」啊！

「見錢眼開」的苦孩子

別看沃爾頓是二十世紀的零售業大王，可是他在出生時可一點都不起眼，沒有漂亮的屋子，也沒有廣闊的農場，一家人擠在鄉下幾間簡陋的屋子裡，過著最寒酸的生活。

沃爾頓的父親為了養活全家，先後做過銀行職員、保險代理、農場貸款評估員，並逐漸練就了一副好口才，學會了怎樣與人討價還價。後來，他將自己的技能傳授給了兒子，希望自己的孩子將來也能憑著一張嘴混口飯吃。

沃爾頓的母親是個平凡的農村婦女，她很勤勞，也很節儉，常教育孩子們不要剩飯、衣服破了要補一補繼續穿、不能浪費錢，沃爾頓完全繼承了父母的性格，這對他日後的創業有了很大幫助。

不過他似乎有些節儉過頭了，每次去買東西，他都要跟賣主講半天價，逼得對方無可奈何地妥協，結果村裡的人都說：「你這孩子，真是見錢眼開了！」

大家並沒有取笑他的意思，事實上，人們還是挺心疼他的，因為沃爾頓從七歲起就開始幫別人送牛奶和報紙，此外他還養兔子和鴿子來賣，眼看著這麼小的孩子如此懂事，大家又怎麼會嘲笑他呢？

反過來推理的「小氣經」

吃苦耐勞的孩子學業成績一般不會太差，沃爾頓在十八歲那年考入了密蘇里大學，攻讀經濟學。他天生就有領導才能，因此在大學期間擔任過學生會主席的職務。

畢業後，第二次世界大戰爆發，沃爾頓以一腔熱血投身軍營，對他而言，人生中最寶貴的青春歲月，本來就該獻給自己所熱愛的祖國。

一九四五年，退伍的沃爾頓回到了家鄉，他不會種田，便向岳父借了兩萬美元，和妻子在山村開了一家小雜貨店。

換作普通人，可能就守著小店度過平淡的一生了，可是沃爾頓卻總能從平凡中發現亮點，就算蒙塵，他也註定是一顆鑽石。

有一次，他進了一批女褲，成本價是〇．八美元，村裡其他的小店售價一般為一．二美元。為了競爭，沃爾頓決定把女褲的價格壓低〇·二美元，做出這個決定對「小氣」的他而言，實在是很不容易。

沒想到，沃爾頓的女褲比別人賣出了三倍多的量，讓他欣喜不已，馬上在筆記本上記下來：雖然我少賺一半的錢，卻能賣出三倍的貨！利潤實際上增多了！

這說明了什麼呢？

沃爾頓恍然大悟：賣主只有替消費者「小氣」，讓消費者得到實惠，才能賣出更多的商品，才能賺到更多的利潤！

實惠是最好的促銷手法

既然認定自己找到了一條生財之道，沃爾頓就決定創業，而他要做的，就是一直擅長的零售業。

當時市面上已經有凱馬特、吉布森這樣的大規模零售公司了，沃爾頓竟然還想殺出一條血路，在很多人眼裡擺明了就是在找死。

可是精明的沃爾頓卻能找到突破口，他將目光瞄準了上述公司不屑一顧的小城鎮。

他敏銳地觀察到，隨著大城鎮的土地日趨吃緊，人們開始遷往環境更舒適的小地方，所以在小鎮發展零售業是大有賺頭的。

況且有越來越多的美國家庭擁有了汽車，只要價格公道，大城鎮的居民完全可以開著車來小城鎮買東西，這便是給人方便，別人也會對你歡迎的道理。

沃爾頓堅定地按照自己的路線去經營他的零售王國。

一九六二年，沃爾瑪百貨商店開始營業，消費者果真蜂擁而至，即便他的利潤比競爭對手低了一半，也照樣能賺到更多的錢。

很快，沃爾頓的零售店開了一家又一家，七年後，沃爾頓成立了沃爾瑪百貨有限公司，連人口少於五千人的小鎮也有了沃爾瑪的身影。

除了在價格上給予消費者優惠外，沃爾頓還別出心裁，建立了山姆俱樂部——一家專門實行會員制的商店，消費者只要付二十五美元就能成為店鋪的會員，從而買到售價幾乎與成本相當的商品，這也是如今各大商家爭相效仿的經營措施之一，沃爾頓憑藉山姆俱樂部，盈利達百億美元。

在開了那麼多連鎖店，商鋪遍及全球之後，沃爾頓是否依舊在秉承著他的艱苦樸素作風呢？在他去世前的第七年，美國媒體關注起這位美國首富，記者們湧向他的住處，希望能捕捉到與眾不同的畫面。

沒想到，沃爾頓依舊是一身超市出售的廉價服裝，頭上還戴著一頂褪了色的棒球帽，他開著一輛彷彿從垃圾堆裡撿來的小貨車上下班，一點富人的架子都沒有。

這就是全球最大公司的掌門人，他不過是一個普通的美國人，卻真正實現了成百上千人所說的

「美國夢」，連美國的老布希總統都大讚沃爾頓的精神。

只要有好點子，有冒險精神，加上一顆恆心，還有什麼是做不到的事情呢？

山姆．沃爾頓語錄——怎樣贏得人心

1 **「顧客永遠是對的。」**

2 **「顧客如有錯誤，請參閱第一條。」**

解析：也許有點過於偏執，但大多數顧客依舊是明事理的人，企業的產品之所以能有銷量，是因為它滿足了消費者的需要，這也是企業的生存之道。

7 貧民區藏不住一顆躁動的心

雅詩・蘭黛的傳奇人生

埃斯泰・勞德檔案
別名：雅詩・蘭黛。
國籍：美國。
籍貫：匈牙利的科羅那。
出生年代：一九〇八年。
業績：讓雅詩・蘭黛成為世界五十個知名品牌的第二十五位（一九九四年）。
頭銜：被美國《時代》雜誌評為二十世紀最有影響力人物（一九九八年）。

在全世界，男人們或許對雅詩・蘭黛這個品牌不熟悉，但女性肯定相當瞭解。也有相當多的女人以為雅詩・蘭黛只是一個抗衰老化妝品的品牌，卻不知它其實是美國一家化妝品公司的名稱，它旗下的倩碧、Bobbi Brown、海藍之謎等也都是世界知名品牌。

這樣一個龐大的化妝品帝國，它的創始人竟是一個弱女子，準確說來，是一個嬌小美麗卻極富有野心的女郎，她做過一些虧心事，也付出過百倍於常人的汗水，也許每個人成功的路徑不一樣，但唯有一點是相同的，那就是對於成功的執著和渴望。

一心想飛出貧民窟的金鳳凰

二十世紀初，埃斯泰．勞德出生於紐約皇后街的義大利移民街區，那裡擠滿了來自世界各國的窮人，搶劫和偷竊之事頻發，讓美國本地人不敢靠近。

勞德對這一切充滿了厭惡，她認真地學著美國人的發音，想讓自己快速融入當地人的圈子裡。

她十六歲時，已經是個亭亭玉立的大姑娘了，她繼承了母親的金髮碧眼和白皙透亮的皮膚，讓周圍的青年傾心不已。

男人們都半開玩笑地對她說：「親愛的勞德，嫁給我吧！」

勞德卻冷冷地走進屋，給了男人們一個冰冷的後背。她可不想跟這幫遊手好閒的人在一起，她覺得自己該擁有一個金光閃耀的人生。

為了擺脫移民身分，她讓別人喊她為雅詩．蘭黛，可是大家都嘲笑她不切實際。

是啊，勞德家裡窮，光是兄弟姊妹就不下十個，一家人平時連飯都吃不飽，這樣的階層，根本沒機會接觸到上流社會，而且勞德也沒讀過什麼書，不可能憑知識往上爬，倒不如趁年輕嫁個富裕一點的男人，過安穩的生活。

勞德見別人不理解她，心裡很悲傷，可是她在那種情況下又能想到什麼改變人生的辦法呢？

也許勞德並非池中物，老天似乎存心要幫助她，很快給她送來了一個機會，那就是她的舅舅舒茨——一個藥劑師和發明家，當舒茨向勞德全家展示他研發出來的面霜時，勞德清楚地聽到內心欣喜的聲音：機會來了！

一小瓶冷霜成了她的救星

舒茨本來在匈牙利謀生，後來一戰爆發，他見局勢不穩，就舉家搬遷到美國。

舒茨的經濟條件比勞德家強，因為他懂得化學製藥，能製造出不少化學產品，而且效果不錯。他得意地告訴親朋好友，曾有個知名皮膚科的博士在研究過他發明的冷霜後，這樣讚道：「你的產品很有功效，並且安全，值得信賴！」

舒茨很受鼓舞，就在百老匯歌劇院的後面開了間實驗室，為慶祝自己的店面開張，他宴請了很多親戚，其中就包括勞德一家。

當舅舅看到勞德的如花容顏時，不禁喜上眉梢，拍手叫道：「我這個外甥女的皮膚真好，可以幫我做代言啦！」

勞德正在發愁怎樣讓舅舅帶自己出去見世面，忽然聽到舅舅說出這麼一句話，頓時驚喜萬分，但她表面卻裝作很平靜，明知故問道：「我的皮膚哪裡好？」

舒茨笑道：「我可以對別人說，妳是抹了我的冷霜才這麼白的，這不是活廣告嘛！」

既然舅舅發話了，那勞德的離開也就順理成章了，幾天後，她在紐約市的中心位置安定下來。

靠著舅舅的指引，勞德逐漸掌握了化妝品研發的技術，並且接觸到了一些客戶，為今後的產品銷售拓寬了道路。

勞德能言善道，長得又好看，拓展人脈對她來說並非難事，她意識到若想幫化妝品打開銷路，就得不斷開拓新的客源，於是她轉而自立門戶，獨立做起了經銷商。

不過，她賣的依舊是舅舅的六合一冷霜，而舅舅後來卻因不懂經商之道而破產了，他和家人連房租都繳不起，被迫流落街頭。

此時，勞德已經研發出自己的青春露，並成立了雅詩・蘭黛公司，可是她沒有對曾經幫助過她的舅舅伸出援手，甚至在舅舅死後，她還想探聽舅舅有沒有其他有用的小配方。

做一個兼顧愛情與理想的成功女性

勞德在十九歲時遇上了約瑟夫・勞特爾，和每一個情竇初開的少女一樣，她的臉上整天洋溢著笑容，說話、做事都顯得更加活躍。

三年後，她與約瑟夫結婚。約瑟夫是個絲綢和鈕釦商，他很愛勞德，覺得有能力為妻子提供無憂無慮的生活。

誰知婚後不久，勞德的女強人性格就嶄露無遺，她從激情中清醒過來，帶著理智重新投入到工作中，她標榜自己是「蘭黛化學家」，希望自己創立的化妝品品牌能被紐約市的大多數女人所接受。

約瑟夫對此頗有微詞，但他也沒多說，畢竟妻子有她的夢想，看著她開心也不錯。

又過了三年，勞德生下了一個孩子，可是她依舊忙於事業，很少照顧孩子。

約瑟夫越來越不高興，在經歷了無數次的冷戰和爭吵後，一九三九年，約瑟夫提出了離婚。

勞德先是不在乎，她覺得都是約瑟夫的錯，她一邊繼續工作，一邊尋找新的夥伴。

很快，她結識了阿諾德．範亞美利根，後者本來是她的追求者，後來卻成了她的密友和貴人。

範亞美利根在幾年後建立了一個香水集團，並開始資助勞德的公司，這一對異性朋友友好地交往了一輩子，他們的友誼在化妝品界傳為佳話。

隨著時間的流逝，勞德開始自我反省，她意識到約瑟夫的重要性，並主動示好，把前夫成功哄回自己的懷抱。

勞德和約瑟夫再也沒有分開，儘管勞德仍舊忙於生意，可是她與丈夫卻能相敬如賓，兩人和諧地度過了一生。

在雅詩．蘭黛取得巨大成功後，勞德以雅詩．蘭黛這個新名字亮相，並宣稱自己的父親是一名英國的紳士，而自己則出生於歐洲豪門。

雖然知情者隨即將她的謊言戳穿，可是「出生於貧民窟的女總裁」的身分卻引發了公眾更大的好奇，而埃斯泰．勞德因其人生不同階段的巨大落差，而註定成為一個傳奇。

埃斯泰．勞德語錄——關於推銷

「我在職業生涯中從未有過一天不是在推銷中度過。如果我相信什麼東西，我就把它推銷出去，而且推銷得很賣力。」

解析：成功者之所以能取得成就，就在於他們對自己的產品深信不疑。埃斯泰．勞德的著名推銷策略之一就是隨賣附贈試用品，因為公司起步時沒有足夠資金支付廣告公司費用，所以她用源源不斷的贈品代替宣傳。已故好萊塢明星、摩納哥王妃葛莉絲．凱利曾說：「我和她（勞德）並不太熟，但她總是送這些東西來。」後來，王妃成了勞德的朋友。

8 被逼上絕境的讓利促銷

阿爾布雷希特兄弟的折扣行銷

阿爾布雷希特兄弟檔案

成員：大哥卡爾・阿爾布雷希特和弟弟西奧・阿爾布雷希特。

國籍：德國。

籍貫：德國埃森。

出生年代：二十世紀二〇年代初。

職業：連鎖折扣超市 ALDI 總裁。

頭銜：德國首富、《富比士》全球富豪榜第九位（弟弟西奧，二〇〇九年）、《富比士》全球富豪榜第十二位（大哥卡爾，二〇一一年）。

ALDI，中文名譯為「阿爾迪」，是德國最熱門的連鎖超市，雖然在臺灣與中國地區尚未有它的身影，但在歐美地區，它卻是超市中的領頭羊，連沃爾瑪這樣的大商家都怕它。

阿爾迪是由德國的兩位礦工兄弟創立的，他們就是阿爾布雷希特兄弟。

最初，兄弟二人沒有錢，好不容易開了家雜貨店，也只能進一些價格低廉的小商品，沒想到幾十年後，他們的阿爾迪超市也依舊沿襲了這個風格，卻贏得眾多顧客的青睞，你說奇怪不奇怪？

在戰爭年代苦苦求生存

阿爾布雷希特兄弟年紀相差不大，只有兩歲，他們先後出生在埃森市郊的一個小鎮上。

在童年時代，家裡就開始衰敗了，他們的父親本來是魯爾煤礦區的一名礦工，因長期在惡劣的環境中工作而得了塵肺病，只能在家休養。

一家人的重擔全部落在了他們的母親身上，母親在毗鄰礦工生活區的地方開了家小食品店，希望礦工們能看在過去熟識的面子上，照顧她的生意。

可是，這樣一家小店，利潤本來就很小，又能賺多少錢呢？

懂事的阿爾布雷希特兄弟漸漸明白了父母的窘境，他們覺得自己長大了，該為家裡做點什麼了。

當他們長到十幾歲時，兄弟二人主動輟學，希望藉自己的力量幫助家庭恢復元氣。

大哥卡爾去了一家美食店當夥計，而弟弟西奧則留在母親的店鋪裡幫忙打點生意。

兄弟二人最開心的事情莫過於大哥拿了薪水回來，兩個人就開始坐在吱吱呀呀的椅子上數錢，數完後取出一部分錢存起來，然後在本子上記錄下一個新的數字。

眼看著儲存的錢一天天增多，全家人都感覺生活越來越有希望，也許再過不久，他們就能過上好日子了！

可惜現實太殘酷了，第二次世界大戰突然爆發，打破了全家人的美夢。

當時，德國一片兵荒馬亂，零售業跌到了低谷，阿爾布雷希特兄弟家的店鋪門可羅雀，幾乎賺不到錢。

弟弟西奧只好離開家，和大哥一起出去找工作，可是經濟在倒退，失業率高居不下，沒有人願意雇用他們，他們的運氣真是壞到頂點了。

這時，辛苦操勞了一輩子的母親去世了，這讓兄弟二人痛不欲生，他們失魂落魄地回到自家小店，決定靠著店鋪維持生活。

一則打折廣告引起的效應

阿爾布雷希特兄弟的小店僅有幾平方公尺，裡面擺著一些飲料、罐頭之類的小食品，罕有大型生活用品，因為他們實是在太窮了，哪裡還進得了成本高昂的商品啊！再說，根本就沒多少人光顧他們的小店，貨物進得多就意味著賠得多。

怎樣才能讓生意不那麼難做呢？阿爾布雷希特兄弟愁得吃不下飯，整天冥思苦想，他們可不能讓母親留下來的小店倒閉啊！

有一天，鬱悶的兄弟二人去外面散步，在途經一家商店的時候，他們驚訝地發現店門外竟然人山人海。

「在這麼艱難的時期，人們怎麼會有那麼大的購物慾望呢？」西奧的臉上露出不可思議的神情。他們發現在店門口有一則促銷廣告，上面說只要顧客進店購物，就能拿到免費的優惠券，到年底時，顧客們可憑優惠券換取與購物金額的百分之三等價的商品。

「其實年底商家是會漲價的，到時這百分之三換了也跟沒換一樣，還不如平時就打折百分之三呢！」卡爾說。

他剛說完，就想到一個好主意，而弟弟的眼神中也閃著亮光，沒錯，打折百分之三，對顧客來說絕對是一個吸引力！

於是，他們馬上回到自己的店裡，製作了一張看板，上面寫著：凡在本店出售的商品，一律在最低價的基礎上再減百分之三，如有顧客發現我們說謊，可向本店索取差價，我們會予以獎勵。

當他們把牌子樹立在店門口時，哥哥還有些擔心，但到了下午，他的臉上徹底展露出了笑容，因為有大量顧客湧入店中，打折的手法宣告成功！

節儉到連綁匪都傻眼的歐洲富豪

如果只是單純打折，那誰不會呀？不就是降價嘛！

阿爾布雷希特兄弟意識到折扣零售前途無量，便在一九六二年開了第一家阿爾迪折扣店。

但他們也注意到一個問題，那就是如果其他商店也降價促銷，阿爾迪該如何承受得住長時間的價格大戰，並能保證仍有利可圖呢？

經過一番思量，兄弟二人決定將阿爾迪定位成一家專為中低收入階層服務的超市，裡面的商品力爭低價、優質，才能在眾多競爭者中立於不敗之地。

為此，阿爾布雷希特兄弟在人潮密集處開設分店，店鋪最大不超過一千五百平方公尺，店裡除少量日用品和食品有裝載貨架、冰櫃外，其他商品都以原廠包裝的形式出售，而且連收銀用的掃描器都沒有，店員也不過四～五個人，這些措施都在一點一點地幫助阿爾迪節約成本。

此外，阿爾迪售賣的商品種類也很少，只有六百～八百種，但每一種品質都很好，並且保證是最低價格，顧客完全不用擔心。

其實一家超市如果能完全做到低價優質的話，富裕階層也會趨之若鶩的，於是每到週末，阿爾迪門口的汽車都會排成長龍，人們則拿著購物袋摩肩接踵地進店消費。

因為折扣行銷，阿爾迪迅速佔領了德國市場，又迅速擴張到海外，阿爾布雷希特兄弟也因此成了有錢人，大哥的身價為兩百五十五億美元，而弟弟的也接近兩百億美元。

有錢不代表浪費，這兩個兄弟在工作上節儉，在生活上也同樣精打細算。

一九七一年，西奧被兩名歹徒給綁架，綁匪索取七百萬馬克的贖金。

在歷經十七天的交涉後，西奧被平安救出，他說自己在被綁之後，由於穿了一件普通到極點的西裝，使得綁匪非常懷疑他的總裁身分，還要求他出示自己的身分證。

當西奧證實自己就是阿爾迪超市的掌門人後，綁匪有點傻眼，竟還譏笑西奧不會享受生活。

有意思的是，後來綁匪被逮捕歸案，西奧在法庭上還希望將贖金做為特殊支出，這樣的話他就可以不用繳納稅金，真是節儉到家了。

卡爾．阿爾布雷希特語錄——關於做生意的原則

「做生意的原則只有一個，那就是『低價』！」

解析：實際上，卡爾所說的「低價」是建立在「優質」的基礎上，如果做到既滿足消費者又賺取利潤，是經營者一生都在追求的目標。

被拒絕一千零九次的怪老頭
肯德基創始人桑德斯

哈蘭德．桑德斯（Harland David Sanders）檔案
國籍：美國。
籍貫：印地安那州亨利鎮。
出生年代：一八九〇年。
頭銜：全球速食品牌肯德基的創始人。
業績：讓肯德基成為最易識別、在全球擁有一萬五千家餐廳的超級品牌。

肯德基，這個風靡全球的品牌，大家應該都不會感到陌生，這個品牌以一個戴眼鏡的白鬍子老爺爺為商標，是為了紀念它的發明人——哈蘭德．桑德斯上校。

眾所周知，肯德基的招牌美食是炸雞，可是當年桑德斯在推銷炸雞時，卻遇到了異常艱難的阻力，沒有人相信他的炸雞有多美味，他竟要演說上千遍，才能拉攏到一個客戶。

六歲就會做二十道菜的「小廚神」

桑德斯小時候的家庭條件一般，在他六歲時，父親突然離開了人世，讓一家人的生活轉瞬跌入無底深淵。

母親只得拼命打工來養活幾個孩子，她白天要去食品廠削馬鈴薯，晚上還接了縫衣服的工作，儘管她忙到頭暈眼花，卻還想著再多打幾份零工，這樣也許孩子們就能得到更多的食物了。

每當母親外出的時候，年僅六歲的桑德斯不得不承擔起照顧弟弟和妹妹的任務。

母親只給他們留了麵包，可是光吃乾癟的麵包怎麼行呢？懂事的哥哥實在心疼妹妹和弟弟，於是開始嘗試動手做菜。

一開始，他的手藝並不好，不過他很聰明，在失敗了幾次後，做出來的菜居然越來越有模有樣了！

在這一年，他學會了二十道菜，連他母親都自愧不如，周圍的街坊鄰居也嘖嘖稱奇，誇讚桑德斯是「小廚神」。

六年後，母親改嫁，桑德斯有了一個繼父。

他非常討厭這個憑空冒出來的男人，總是跟繼父吵架，而母親總是站在丈夫那邊責怪兒子。

桑德斯不想待在家裡了，他輟了學，去一家農場打工。

由於學歷不高，他做的都是多數人能勝任的工作，如粉刷匠、消防員、保險推銷員等，這些工作流動性都很高，所以長期下來他沒有一個穩定的職業。他還當過兵，最風光的一段時間則是在堪薩斯州的小石城當治安官，因為他透過自學方式，獲得了一個函授的法學學位。

四十歲才找到自己的商機

在職場中，一般情況下，三十~四十歲往往是一個人的黃金時代，發展、升遷之類的事情大多發生在這一時期，如果超過四十歲還是一事無成，以後再想有晉升的空間就難了。

四十歲那年，桑德斯來到肯塔基州，他開了一家加油站。對換工作如換衣服的他來說，這一次也不會是最終的出路。

並非是他不安分守己，而是現實太殘酷，沒有一個職業能得到穩定且足以支撐全家人生活的收入，所以桑德斯忙碌了半生，依舊與困境不停地搏鬥。

為了增加收入，他還在加油站設了一個小廚房，每天在用餐時間炒幾道菜提供給長途奔波的顧客。

客人們都覺得他的手藝好，經常是一邊吃一邊豎起拇指誇讚他。

時間一長，桑德斯還推出了自己的招牌菜——炸雞，也就是之後的肯德基的雛形。這道美食征服了所有人的心，有些顧客甚至不加油，也要專程來桑德斯那裡吃炸雞。

每天加油站裡都擠滿了人，都是排隊等著買炸雞的顧客，桑德斯見炸雞生意這麼熱門，心頭一喜，意識到自己終於找到了商機。

沒多久，他轉做餐廳生意，還潛心研究製作炸雞的特殊配料，這便是日後肯德基的獨家秘方，不過後來的配方已將原料增添到四十種。

四十五歲那年，桑德斯成為肯塔基州小有名氣的商人，州長為了表彰他對當地餐飲的貢獻，還頒發給他了上校官階，從此人們都親切地稱呼他為「桑德斯上校」，中年的桑德斯終於攀到了人生中的第一個高峰。

在飛來橫禍面前變成窮光蛋

桑德斯的顧客越來越多，但是炸雞烹飪的時間比較長，以致於有的客人因等得不耐煩而抱怨連天。

好在桑德斯後來用了壓力鍋，創造出十五分鐘炸好一隻雞的神奇紀錄，而且這樣做出來的雞比先前的更加美味，因此他的生意一直很好，還奇蹟般地撐過了二十世紀三〇年代的美國經濟大蕭條。

可是到第二次世界大戰時，桑德斯的好運再也沒有持續下去，他的加油站因汽油配給制度而歇業關門。而就在他一心想把炸雞店做好時，政府的一項新政策再度將他打入地獄：他的餐廳前的道路被橫貫肯塔基州的跨州高速公路穿過，炸雞店的發展嚴重受阻，店裡的生意越來越冷淡。

桑德斯不得不將店面賣掉，可是他還是虧了一大筆債，每月只能靠著一百零五美元的救濟金生活。

短短十年時間，他就從一個富翁變成了窮光蛋，每每想到這裡，都令桑德斯無限唏噓。

可是有些人天生就有不服輸的勇氣，桑德斯覺得自己才五十六歲，還很有精力，完全可以東山再起。

過去，他曾將自己的炸雞做法賣給幾個飯店老闆，並與後者約定：對方以後每賣出一隻雞，就付給桑德斯五美分，這就意味著即使不開店，也依舊能憑著技術賺錢。

桑德斯決定推銷自己的炸雞配方，他穿上白色西裝，打上黑色領結，戴一副黑框眼鏡，開著他快報廢的福特汽車上路了。

一千零九次的失敗換來巨大的成功

桑德斯來到俄亥俄州，每當他路過一家餐館門口，都會停下車，拿出食材和壓力鍋，笑容可掬地向店內走去。

有些店老闆覺得他在擾亂生意，連說話的機會都不給他，就把他趕到大街上；有些雖然態度好一點，但也只是禮貌地聽他說完話，一旦他請求表演炸雞烹飪，對方就會嚴詞拒絕，彷彿桑德斯是要烹製炸彈似的。

一天又一天，桑德斯的推銷毫無進展，沒有人相信他的話，也許大家都覺得這個白髮蒼蒼的老爺爺在開玩笑。

是啊，接近花甲的年紀，不坐在家裡安心養老，還跑出來創業，在半個多世紀前有誰敢相信呢？

但桑德斯仍舊決定堅守自己的信念，他絕不向失敗妥協！

他繼續每天賣力地宣傳著自己的炸雞，即使到了晚上總會筋疲力盡地躺在車裡一動也不想動，他還是會將白天被拒絕的次數記錄在本子上，他似乎鐵了心要看一看，到底要被拒絕多少次，才會有人相信他！

整整兩年，他都在做無用的事，可是他依舊樂觀，依舊相信幸運女神很快就會來幫助他。

就在被拒絕一千零九次後，他終於聽到了一句「好吧」，那一刻，他眼淚差點奪眶而出，他激動地拿出工具，講解烹飪方法，隨後成功說服了第一個客戶，與之達成了授權協定。

有了第一個，就有第二個，桑德斯的霉運一去不復返，他的授權經營模式越來越成功，僅用了五年時間就在美國和加拿大發展出四百家連鎖店。

六十五歲那年，他創辦了自己的肯德基公司，並參與脫口秀節目，向全美國的觀眾介紹他的炸雞。

電視播出後，桑德斯的家門口擠滿了要買特許經營權的餐廳代表，桑德斯一律親自接待來訪者，對於生意，他從未有懈怠的時候。

七十四歲那年，考慮到自己年事已高，他將公司賣給了別人，對方則給了他一筆終身薪水，請他繼續擔任肯德基的代言人。

照理說桑德斯不用再折騰了，他現在擁有的資產足夠他安度晚年，可是他卻說：「如果我因閒散而生銹，我會下地獄。」

一九八〇年，他因白血病逝世，就在他臨終前的幾個月，他還在四處推銷肯德基。活到老，工作到老，便是桑德斯上校一生的寫照。

哈蘭德．桑德斯語錄——關於推銷法

「我的微笑就是最好的商標。」

解析：打溫情牌是一種有效的行銷法則，相對於冷冰冰的產品介紹、極具誘惑性質的價格促銷，這種方法更能打動人心。

亂世中隻身闖天下的少年
林紹良的驚人眼光

林紹良檔案
國籍：印尼。
祖籍：福建省福清市。
出生年代：一九一六年。
職業：印尼林氏集團董事長、印尼政府經濟顧問。
身價：一百八十四億美元（截止至一九九五年）。
頭銜：曾經的印尼首富、世界十大富豪之一、世界十二大銀行家之一。

說起林紹良，大多數的中國人恐怕不知道他的身分，但大家肯定聽說過清朝末期一代富豪、紅頂商人胡雪岩的傳奇故事。林紹良就如胡雪岩般懂得利用時局，敢想敢做，而且他做得比胡雪岩還要成功。

此外，福建的福清人肯定記得林紹良的事蹟，因為後者正是從福清出來的，一九七八年，林紹良給福清人買了中國第一輛勞斯萊斯，回想五十年前，他還只是個窮鄉僻壤裡的一個清貧少年，為了生存孤身下南洋，一路艱辛又有誰人知！

抓壯丁的前一晚冒險逃脫

本來林紹良出生於一個小康之家，他的祖輩雖然都是農民，但幾代人累積了一些財富，可以讓全家過著衣食無憂的生活。

多虧了殷實的家境，林紹良可以一直讀書到十五歲。隨後，家裡人給他租了一間店面，讓他在村子裡學著做小生意。

可是也就是這一年，「九一八事變」爆發了，全中國都陷入恐慌之中，林紹良的店生意越來越不景氣，只好關門大吉。

當時流行起一股「下南洋」的風潮，林紹良的叔父第一個帶頭去了印尼，接著他的大哥林紹喜也去投靠叔父，林紹良便和父親一起支撐著整個家。

不幸的是，四年後父親去世，把家庭重擔留給了妻子和兒子，林紹良不忍母親這般辛苦，想多分擔一些家事，可是意外情況又出現了。

隨著戰事的吃緊，國民黨需要擴充軍隊，便開始到每個村莊抓壯丁。

林母聽說抓壯丁的士兵馬上就要到村子裡來了，十分著急，勸兒子趕緊出走南洋。

林紹良有點猶豫，他看著滿臉滄桑的母親，不忍離別。

某天傍晚，有村民心急火燎地來到林家，告訴林母：「不得了了！國民黨的隊伍明天就要過來抓人了！你們還是快點想想辦法吧！」

母親哭泣了很久，堅決要林紹良離開，林紹良只好含淚告別家人，當天晚上就坐船去了印尼。

在異國叫賣的日子

林紹良也去投靠了他的叔父。

叔父在爪哇島的古突士鎮開了家花生油店，生意一般般，但他還是很高興姪子的到來。就這樣，林紹良開始在店裡工作，空閒時還要學習當地語言，以便與客人交流。

好景不常，日軍入侵印尼，爪哇島上驟然響起淒厲的槍炮聲，居民不敢出門，經營者的生意一落千丈，破產者不計其數。

林紹良是個不怕死的人，他寧要生意也不要待在家裡，他向叔父提議出去推銷，叔父也正在發愁生意難做，就同意了。

於是，林紹良帶著幾桶花生油，開始挨家挨戶地上門叫賣。

當地人因為不怎麼出門，很難買到物資，如今見林紹良能上門服務，自然非常歡迎，所以林紹良的推銷進行得很順利。

這樣一來，叔父店裡的銷售額大幅度提高，叔父很高興，給姪子加了薪水，希望姪子能好好做下去。

兩年後，林紹良有了點錢，想自主創業，畢竟為自己工作才有更大的發展空間嘛！做什麼好呢？他想到了賣咖啡粉。

從叔父家出去後，他每天要凌晨兩三點鐘起床，把咖啡豆磨成粉，然後用舊報紙包成一小包一小包地去七十里外的三寶壟市叫賣。

他每天都要這樣辛苦地工作，不管是颳風下雨，還是生病感冒，只要身體能撐得住，他一定會在天色微亮時出現在市集，然後用最熱情的笑容招呼每一位顧客。

雖然很累，但這段經歷也給了他很多的社會經驗，還培養了他的膽色，這些對一個青年來說都是寶貴的財富。

亂世中更要懂得經營人脈

十九世紀末，徽商胡雪巖結識左宗棠、曾國藩等權貴，為政府訓練軍隊、開辦工廠，賺了個盆滿缽滿，可惜他剛愎自用、不懂變通，最終成為李鴻章與左宗棠政治鬥爭的犧牲品，從雲端一下子跌入谷底。

六十年後，林紹良也效仿胡雪岩走上了商政一體的道路，不過他比胡雪巖聰明，運氣也比後者強，自然能立於不敗之地。

在日軍投降後，荷蘭又想對印尼展開殖民統治，剛剛獨立的印尼馬上掀起一場轟轟烈烈的抗荷戰爭。

爪哇島的華商回應中華總會的號召，對抗荷戰爭給予了大力支持。

林紹良敏銳地覺得這是一個發展的好機會，所謂亂世出英雄，劉邦、朱元璋、拿破崙都是抓住時機功成名就的，這一次也該輪到他了！

儘管他不是很有錢，卻最賣力，博得了中華總會的一致肯定，總會決定讓林紹良掩護一位來到古突士鎮的高級領導人哈山．丁，林紹良愉快地接受了任務。

這位哈山．丁的身分可不得了，他是印尼第一任總統蘇加諾的岳父，憑藉著哈山．丁的關係，林紹良結識了不少印尼軍方的官員，這也讓他想出一條獨特的經商之法。

在封鎖線上冒死前進

原來，由於荷蘭實行了對印尼的軍事封鎖，導致印尼共和國的軍火、藥品大量短缺，如果再不增加補給，只怕共和國無法獲取勝利。

林紹良心想：如果做這門生意，肯定有利可圖，而且還能幫助印尼，是雙贏的事情，但壞處是風險太大，要冒著九死一生的危險突破火線，非得有十足的勇氣和運氣不可。

儘管如此，他還是決定試一試，就如當年他冒險在大街上賣花生油一樣。

他與印尼軍方接洽，說要做軍火生意，對方當然熱烈歡迎，為確保安全性，雙方認真研究了運輸船的行進路線，商定從新加坡購買武器和軍需用品。

於是，林紹良開始了他第一次的軍火生意，他全程神經高度緊繃，但好在荷蘭海軍沒有發現他的行蹤，讓他大大地舒了一口氣。

以後，他又進行了多次穿越封鎖線的活動，隨著經驗的累積，他的膽子越來越大，做事情也越來越得心應手。

每次，當他帶著物資來到前線時，印尼官兵都會對他致以最熱烈的歡呼聲，他與政府的關係因而更加緊密，特別是與後來登上總統職位的蘇哈托之間，更是結下了深厚的友誼。

一九八八年，七十多歲的林紹良建立了林氏集團，其經營範疇涉及民生資源的各個方面，而且分公司還跨越幾大洲，在亞、非、歐、美都有開設。

集團雖大，林紹良卻絲毫不覺得吃力，這與政府的扶持是分不開的，當然，印尼想發展經濟，也需要一個懂得經營的大集團做多面手，所以林紹良的存在不無道理。

林紹良自己也曾謙虛地說：「我之所以能成功，主要是善於選擇共事的夥伴。」所以說，機遇真的很重要，但是它並非可遇不可求，而應該由我們自己來創造。

林紹良語錄——關於吃苦

1「人需要經得起磨練，才會有所進步。」

2「勤儉奮發是華人的美德，方向、意志和策略是第一要素，不怕失敗、奮鬥不懈、運籌帷幄、出奇制勝和深思熟慮是成功的必備條件。」

解析：吃苦是人生最好的營養品，吃得苦中苦，方為人上人。

「時尚教父」拉爾夫・洛朗

拉爾夫・洛朗（Ralph Lauren）檔案

國籍：美國。

祖籍：白俄羅斯阿什肯納茲猶太人。

出生年代：一九三九年。

職業：設計師、美國「拉爾夫・洛朗」時裝公司董事長。

身價：七十億美元（截止至二〇一五年）。

榮譽：被授予法國最高榮譽騎士勳章、史密森尼兩百週年紀念勳章、二〇一五《富比士》全球富豪榜第一百九十三名。

很多人都知道有一種T恤叫「Polo衫」，但這種衣服的由來可能大家就不是那麼清楚了。原來，它最早是由美國設計師拉爾夫・洛朗開創的。洛朗是家境貧寒的俄羅斯移民，他母親又是個虔誠的猶太教徒，所以他從小就渴望融入美國的上流社會，在設計Polo衫時，他覺得馬球（英文名為polo）代表了貴族生活，於是這種T恤的名稱由此而來。

洛朗是個野心家，他從小就發誓要身價百萬，結果他做到了，現在他是億萬富翁，是一個龐大的時裝帝國的掌門人。

他就是想成為百萬富翁

在洛朗未出生前，他父親從俄羅斯來到了美國，當了一名普通的油漆工人，所以洛朗一家並不富裕，洛朗的母親是全職太太，整個家就靠洛朗的父親獨自支撐。

因為總是穿著破舊的衣服，小時候的洛朗經常被同伴們嘲笑，那時他還不姓「洛朗」，而是叫「利夫席茲」，這個聽起來很彆扭的姓氏經常被其他孩子拿來恥笑，讓洛朗和他的哥哥抬不起頭來。

洛朗很生氣，他憤憤地想：總有一天我要讓你們在我面前自慚形穢！

他不再與其他孩子玩耍，轉而把自己關在房間裡玩拼衣服的遊戲，他似乎與生俱來就有著對時尚的敏銳嗅覺，經他搭配的衣服總是非常時髦。

可惜的是，由於沒有錢，衣服又破，怎麼打扮都無法好看，洛朗就利用課餘時間不斷地打工，以便能買到心愛的衣服。

當其他孩子快樂地在戶外嬉戲時，洛朗卻在別人的店裡辛勤地揮灑著汗水，但他無怨無悔。他與其他孩子之間的差距很快顯露出來。

在他十一歲左右，他穿著文質彬彬的白襯衫和工作褲，腳上踏一雙鋥亮的黑皮鞋，頭髮也用髮油抹得一絲不苟，看起來像個小少爺，而和他同齡的孩子只是隨隨便便套一件摩托衫和一條牛仔褲就完事了，顯得他格外耀眼。

於是，不斷有成人過來詢問是誰幫他搭配了衣服，當大家聽說洛朗所穿的衣服都是他自己選擇的時候，無不驚訝萬分，接著便是由衷的讚嘆。

不過，穿衣搭配只是少年洛朗的一個愛好而已，他那時從未想過要憑服裝發跡，但有一個願望是他一直以來都在夢想的，後來還被他寫進了國中畢業時的紀念冊，那就是要成為百萬富翁。

一條領帶打造出另一個人生

十六歲那年，洛朗和他的哥哥終於把自己的姓改成了「洛朗」，但是同齡人對他依舊不友善，因為洛朗不合群，總是那麼格格不入，而且他的打扮和氣質都像一個貴公子，卻偏偏就不是做少爺的命。

洛朗也沒想要對他的那些同學友好，在他眼裡，那幫學生不過是一群傻瓜罷了。

高中畢業後，洛朗進入紐約大學學習，可是他讀了兩年後就放棄了，因為他覺得當時的校園裡太單調，無論男女都穿著V領毛衣，看起來暮氣沉沉。

他開始四處求職，並找到了一份領帶銷售員的工作。

當他被經理帶進櫃檯時，看到清一色的深黑領帶，不禁驚訝地說：「這些領帶也太沉悶了！」經理有點愕然，從此便留意起這個瘦弱的青年。

不久後，商店老闆想要推出一批新穎的服裝，經理立刻想到洛朗，就問他有沒有興趣做設計。洛朗求之不得，他立刻點頭應允。

在接下來的一個月中，他對店裡的領帶進行了大幅度的改革，不但讓領帶的色彩和花紋更鮮豔，也讓其寬度增加了兩倍，同時他認為這種領帶一定會受歡迎，便不顧經理反對，把價格也翻了一番。

出人意料的是，新領帶竟然讓相當多的顧客愛不釋手，店裡的領帶很快就銷售一空，一週後，其他店也效仿著推出同種類型的領帶，讓寬領帶成為席捲全城的風潮。

洛朗見這麼多人喜歡他的設計，再聯想起自己的百萬富翁夢想，突然看到了希望。是啊，如果大家都熱衷購買他的產品，那他不就能很快發財了嗎？

於是，洛朗決定成立自己的服裝公司，名字叫「POLO RALPH LAUREN」，商標是一個正在揮杆的馬球手，這切合了洛朗的渴望：他希望馬球這項高貴的運動能契合他的公司定位，今後他就要為中上層人士設計衣服了。

半夜三更還在加班的工作狂

一九六八年，洛朗的公司成立，他的目標是能為成功男士設計一種既個性又略帶正式的服裝，以方便他們出入各種休閒場所。

結果，他的男裝一經推出便大受好評，很多名校的學生成為Polo的擁護者，因為這種服裝比單調的正裝明豔很多，卻又不會過分地誇張。

洛朗趁熱打鐵，在四年後又推出了女裝系列，讓美國的整個七〇年代都打上了Polo的時尚烙印，難怪美國總統都稱拉爾夫．洛朗是「美國的經典與象徵」。

由於生意大好，洛朗的富翁夢終於實現了，隨之而來的還有名譽和地位，不過此時的洛朗倒沒有那麼激動，因為他發現自己真正熱愛的不是錢，而是他的服裝事業。

很多成功人士都有工作狂的傾向，洛朗更是如此，既然服裝是他的理想，他就不會對其厭倦，所以工作起來的洛朗是很令人吃驚的。

他經常在凌晨打電話給員工，只是因為某種色彩在他腦中閃過，所以他得立刻討論這種顏色的可行性。

無論他走到哪裡，眼神永遠都盯在男男女女的著裝上，這個習慣有時候也會為他帶來一些麻煩，因為一些女士會認為他在騷擾自己。

對於洛朗的才華，員工們非常欽佩，也極其渴望老闆能讚賞自己，但是對於洛朗的認真，雇員們則叫苦不迭，抱怨自己的私生活都沒有了，希望老闆讓大家過得自由一點。

可是若沒有一份像洛朗這樣對待工作的熱忱，又何談成功呢？不過，洛朗顯然要比一些創業者幸福，因為他是在為自己的理想而奮鬥一輩子。

拉爾夫·洛朗語錄——關於理想和現實

「我需要保持自己的風格，但同時也要讓設計成為一個想像可及的真實。」

解析：這就是創業者與用戶之間的關係，創業者所生產出來的產品得有自己的個性，才能打響品牌，但同時也要兼顧用戶需求，才能贏得龐大的客戶群。

總能避免責罵的小學徒

鄭裕彤的幸運之道

鄭裕彤檔案

國籍：中國。

籍貫：廣東省順德市。

出生年代：一九二五年。

職業：香港新世界發展有限公司及周大福珠寶金行有限公司榮譽主席、恆生銀行有限公司獨立非執行董事、信德集團有限公司獨立費執行董事、利福國際集團有限公司非執行主席。

榮譽：二〇〇八年被授予大紫荊勳章。

頭銜：全球十大富豪之一、珠寶大王、香港地產界「四大天王」之一。

中國有一個著名的珠寶品牌叫「周大福」，也許有些人對周大福的掌門人鄭裕彤並不熟悉，但在香港，鄭裕彤的威名卻是如雷貫耳，他甚至還被全港人稱為「鯊膽彤」，意思是膽子特別大，如鯊魚一樣。

如今的鄭裕彤受到萬千的歡迎，但這樣一個珠寶和地產大王，早年卻貧苦淒涼，連國中都沒能畢業，好在他有一套自己的方式與方法，才能一步步助他走上幸運之路。

察言觀色，獲「惡岳父」賞識

鄭裕彤本就家境貧寒，家裡好不容易供他念到國中，廣東就爆發戰爭了。

這樣一來，全家人的生活更加艱難，鄭裕彤因此輟了學，努力打工補貼家用，可惜仍舊無法使家庭擺脫困境。

為了生存，也為遠離戰火，一家人來到了澳門，希望能找到一條新的出路。

不久，鄭父帶著鄭裕彤來到一家名叫「周大福」的金鋪前，讓兒子跟著店老闆周至元當學徒。

其實，鄭父與周至元是至交好友，鄭周兩家也早已指腹為婚，所以周至元是鄭裕彤的準岳父。

雖說有這樣一層關係，但周至元卻秉著「玉不琢不成器」的原則，讓鄭裕彤從最底層開始學起。

每天，鄭裕彤都要掃地、洗碗、倒痰盂，師傅有什麼需求，他第一個身先士卒地去辦，其實他早就知道周至元是自己的岳父了，卻一點都沒抱怨，他知道這個師傅喜歡勤快的人。

周至元脾氣暴躁，容不得別人犯錯，否則就會大罵不止，夥計們私底下都稱他為「轟炸機」，可是鄭裕彤卻從未被周至元責罵，讓其他人都驚奇不已。

時間一長，周至元越來越喜歡鄭裕彤這個準女婿了，為了培養女婿，他終於同意讓鄭學做生意。

鄭裕彤善於觀察，他知道自己沒有基礎，就拼命學習別人做生意的方法，並注意改進自己的缺點，很快，他也能獨當一面，並越來越讓周至元信賴。

鄭裕彤用了三年的時間，讓自己成為金鋪的主管，周至元也放心地把女兒周翠英交給了他。又是一個三年過去了，眼見鄭裕彤的能力突出，岳父周至元做了一個決定：讓女兒女婿去香港開分店，在香港打開一條新的銷路！

鄭裕彤沒想到，岳父的決定幫助自己打開了未來的成功之門，從此，他的人生將會出現翻天覆地的變化。

懂得吃虧，成為珠寶大王

香港是全球著名的自由港，經濟可比澳門發達，當鄭裕彤一來到香港，馬上發現香港的金鋪多如牛毛，想要闖出名堂來並不簡單。

自己一個外鄉人，到底該怎麼攻陷本地市場呢？

其實方法也就兩種，提升黃金成色，或是降低價格。

鄭裕彤發現當地的黃金成色一般都是百分之九十九，他思量一番，決定推出四九足金，也就是百分之九十九．九九，但是這樣一來，他就虧本了，平均每一兩金要虧幾十塊錢。

店員們都勸鄭裕彤「懸崖勒馬」，可是他卻說這是在打廣告，就算虧幾十萬又怎樣，不懂得吃虧，哪能賺錢呢！

兩年後，他的決策收到成效，由於顧客都認準了「周大福」這個品牌，所以很多金店都爭著要從鄭裕彤手裡進貨，四九足金的招牌成功了！

鄭裕彤並不滿足做黃金生意，十年後，他又將目光對準了女人的最愛——鑽石。

當時的香港只認「戴．比爾斯」這個鑽石品牌，而根據國際規定，唯有持「戴．比爾斯」的經營牌照，方可批購鑽石。

可是在全球，此牌照也不過就五百張而已啊！而且全港也只有號稱「鑽石大王」的廖桂昌一人有牌照，所以鄭裕彤想要做鑽石生意，真是難如登天。

但鄭裕彤卻沒有退卻，這一次，他在南非買下一家持有「戴．比爾斯」牌照的公司，儘管花了很多錢，可是鑽石銷售的路終於打通了，在鄭裕彤看來，自己並沒有吃虧。

由於他的遠見卓識，到了二十世紀七〇年代，鄭裕彤的鑽石生意約佔香港的三成，他已成為全港新一代的鑽石大王。

等候時機，想做大事就得有耐心

在香港淺水灣南部，有一幢面積達一萬六千平方英尺的豪宅，宅內不僅有游泳池、網球場，還有很多名車，其中一輛勞斯萊斯擁有號稱全港最幸運的車牌——8888，該牌照價值在千萬港幣之上。

這便是鄭裕彤名下的一處房產，也是很多赴香港的旅遊團的參觀之所，由此可見，鄭裕彤對地產行業有著非同常人的敏銳。

在首飾行業成功之後，鄭裕彤又開始進軍房地產業。

在二十世紀六〇年代，香港有很多人大量拋售房產和土地，鄭裕彤慧眼識珠，收購了很多地產，為自己累積了一大筆財富。

到了七〇年代，鄭裕彤與其他人組建了新世界公司，出資一億三千萬購入尖沙咀海傍藍煙囪地皮。

按照鄭裕彤一貫的做法，他所付的依舊是全港最高昂的地價，但這塊地皮如今價值已達十億港幣，還不算地面上的建築，每年就能為他賺取數億港幣的鉅額收入！

二十世紀八〇年代時，他又想在灣仔興建國際會議展覽中心，這棟巨型建築佔地四十一萬平方公尺，一旦建成將是當時香港最具代表性的建築之一，鄭裕彤耗資十八億港幣，將該工程拿下。

沒想到一晃幾年時間過去，鄭裕彤遲遲沒有開工的跡象，大家都忍不住議論起來，搞不懂他葫蘆裡賣什麼藥。

鄭裕彤卻胸有成竹，這些年他從未出過錯，這一次也不會例外。

一九八六年十月，英國女王造訪香港，並突然出現在國際會議中心的動工儀式上，一瞬間，記者的長槍短炮將女王團團包圍，讓全世界都知道了國際中心的大名！

此後，鄭裕彤的事業一直順風順水，直到二〇一二年初才宣告退休，要不是兩個兒子一直投資失利，也許他早在二十三年前就已經功成身退了。

其實，鄭裕彤之所以能成功，在很大程度上得感謝他的岳父周至元，沒有後者的資本支撐，他的人生不會有如此快速的發展。

不過，想得到貴人幫助，自己也得有本事才行，機會永遠只垂青有準備的人，所以提升自我才是成功的關鍵所在。

鄭裕彤語錄——關於人心

「你叫他掌櫃還是經理，是不用花錢的。他喜歡叫經理，你就改為經理，這樣他很開心，大家也都開心。不花錢又能讓大家開心的事情，當然值得做！」

解析：在上個世紀，華人企業對員工的稱謂還是沿用晚清的叫法，令員工不太喜歡，鄭裕彤就改用西式叫法，讓大家都開心。其實公司能否留住員工，技巧就在於滿足不同職員的不同需要。

13

被兩百多人拒絕資助的咖啡大王

舒茲的星巴克帝國

霍華．舒茲（Howard D. Schultz）檔案
國籍：美國。
星座：紐約市布魯克林區。
出生年代：一九五三年。
職業：星巴克董事長。
身價：二十五億美元（截止至二〇一五年）。
頭銜：二〇一五年《富比士》全球富豪榜第七百三十七名。

在很多國家，沒有人不知道星巴克的大名，這個全球性的連鎖咖啡店已經成為都市中不可缺少的一道風景，無數熱愛情調的男女都會去星巴克裡坐一坐，享受咖啡店帶給他們的小資情調。而這一切，都得感謝星巴克的品牌創始人──霍華．舒茲。

舒茲是個道地的美國人，出生在一個極普通的美國家庭，當年發現商機的他急需資金來開拓事業，為了尋找合夥人，他被拒絕了不下兩百次，而最終，他的成功竟和世界首富比爾．蓋茲脫離不了關係，這是怎麼一回事呢？

為一頓飯而四處打工的少年

舒茲的父親很勤奮，曾先後打過三十份工，可惜命運始終沒有垂青這個不幸的人，在舒茲七歲那年，他父親因事故癱瘓，從此再也沒辦法站起來。

由於父親沒有得到任何保險和賠償，還要支付一定的醫療費用，全家一下子陷入絕境中。身為哥哥的舒茲不得不在十二歲開始就四處打零工，他做過送報紙、餐廳夥計等工作，可是還是湊不夠一家五口吃一頓飯的錢，而且更糟的是，他可能因此上不起大學。

好在舒茲有個特長，那就是打美式足球，結果北密西根大學的野貓球隊看中了他的才華，錄取了他，還使他獲得了一筆獎學金。

全家人都很高興，因為舒茲是第一個上大學的人，舒茲也明白足球不能改變他的命運，唯有知識才能給他加分，於是他努力學習，獲得了商學學士的學位。

一九七五年，舒茲進入舒樂的紐約分公司，當了一名推銷員，他精力旺盛，每天打五十多個電話，一旦有客戶答應見面，他會第一時間奔過去與之接洽，所以在接下來的三年中，他成為了最優秀的推銷員，賺了很多佣金。

可是他志不在此，他想要有更大的發展空間，於是換了一個新東家，為一家瑞典廚房塑膠用品公司開拓北卡羅來納州的市場。

由於不喜歡塑膠，他只做了十個月就想辭職，但公司捨不得放走他這個人才，就讓他升職，全權委託他擔任美國公司總經理，辦公地點就設在他的家鄉紐約，並配給他專車，以示誠意。

舒茲沒有抵擋住這份誘惑，是啊，對一個從小就吃盡苦頭的人來說，錢真的是非常重要。

一罐咖啡勾起一個創業夢想

二十八歲那年，舒茲已經小有所成，而他的父親依舊躺在床上，抱怨命運的不公，舒茲對此嗤之以鼻，他認為這完全是因父親的懶惰所造成的，命運不會欺侮任一個人。

二十九歲那年，他突然接到母親電話，要他回家看望父親，可是他拒絕了。因為他和父親的關係一向不好，小時候父親總是打他，讓他感覺不到任何溫情。

一週後，父親去世了，舒茲驚訝地匆忙趕回家，在整理父親的遺物時意外地發現了一個生銹的咖啡罐。

那是他十二歲時從一個雜貨店裡偷來的，當年正值耶誕節前夕，舒茲的父母仍在為借不到錢而發愁，父親又開始謾罵三個孩子，舒茲只好帶著弟弟和妹妹去街上閒逛。

正巧，當他們走過一家小店時，舒茲發現了這罐咖啡，他記得父親總是抱怨說家裡的咖啡難喝，所以想都沒有想，就把咖啡罐塞進了自己的棉衣裡。

店主正好看到這一幕，立刻大叫著衝過來，舒茲嚇得帶著弟妹趕緊逃跑，好不容易甩開那個兇神惡煞的老闆後，他將咖啡交到父親手裡，並撒謊稱是在路邊撿的，想送給父親做為聖誕禮物。沒想到過了一會兒，店老闆還是追上門來。

看著父親越發陰沉的臉，舒茲越想越害怕，就偷偷地溜出家門，在平安夜流浪了一晚上。後來，母親將他找回家，父親依舊把他揍了一頓，從此舒茲就異常憎惡父親，甚至對外人說他父親已經死了。

沒想到父親一直珍藏著這罐咖啡，這令舒茲淚流滿面，他意識到以前對父親的看法是偏激的，其實父親很努力，而且對家庭也很負責，只是父親缺少機會而已。

因為這罐咖啡，舒茲萌生了要從事咖啡銷售的夢想，他要讓全世界都能喝到他的咖啡，也要讓全世界像父親那樣的人因為工作而感到自豪，並享受到快樂和尊重。

尋找可以實現理想的土壤

自從想做咖啡生意後，舒茲就特別留意與咖啡有關的公司。

在西雅圖，他無意間發現了一家名叫「星巴克」的小公司，那時的星巴克並非咖啡店，它的主要業務是銷售咖啡豆、香料及茶葉。

舒茲親眼見證了一杯咖啡的製作過程，他嗅著咖啡豆被磨成粉的新鮮味道，暗暗感慨不已：這才是正宗的咖啡啊！

一九八二年，舒茲辭去瑞典公司一年七萬五千美元的職位，毅然加入小公司星巴克，擔任行銷總監。

一開始，他也是幫公司推銷咖啡豆，雖然在他的努力下，公司的業績大幅度提升，可是他總覺得目前的這種商業模式不是自己想要的，不就是兜售咖啡豆嘛！關鍵在於咖啡豆的品質，這和生產商的關係才是最密切的。

第二年，他去米蘭出差，看到當地有咖啡館，他又走進去觀摩。

他非常驚訝地發現，米蘭的咖啡店和美國的完全不一樣，講究的是閒適的氛圍和浪漫的氣息，而美國恰恰缺少這些情調。

舒茲茅塞頓開，他想開一些小型的咖啡連鎖店，而且店內的環境一定要讓顧客覺得舒服溫馨，如果讓顧客覺得滿意，生意一定能興盛起來。

這便是舒茲真正的理想，對行動迅捷的他來說，做事永遠難不倒他，而確定目標才是最困難的，因為你並不知道自己的想法是否真正具有可行性。

被拒絕兩百次後遇上貴人

舒茲把自己的想法說給星巴克的老闆聽，他滿心以為對方會拍案叫絕，誰知後者非常冷靜地聽完他的話，然後拋出一句「我不認為這樣做有好處」，就拒絕再與舒茲探討開連鎖店的問題。

舒茲很鬱悶，他努力想證明自己的方案有優勢，可是始終打動不了老闆的心，無奈的他只好在一九八五年辭職自己當老闆，在西雅圖和溫哥華開了一些小型咖啡連鎖店。

這時候，他面臨著資金緊缺的問題，新店需要開張，而老店的裝修也不到位，他要的那種輕鬆浪漫的感覺還未達到。

於是，他到處尋找投資人，想籌集一百萬美元的創業基金，沒想到很多人都覺得他是個瘋子，他一共向兩百四十二人求助，有兩百一十七人拒絕了他。

最後，舒茲找到了一名律師，那就是電腦巨頭比爾・蓋茲的父親，老蓋茲對舒茲非常讚賞，同意資助他創業。

這樣一來，舒茲才得以買下星巴克的全部股份，開創出一代咖啡帝國。

舒茲對他的店員十分慷慨，他會發給員工高於最低薪酬要求的薪水，還讓員工擁有公司的股票期權。

在美國，醫療保險是昂貴的一筆支出，但舒茲仍舊會為他的所有員工繳納醫保，哪怕對方是在星巴克做兼職的員工。

舒茲所制訂出的福利待遇讓員工的跳槽率遠遠低於其他零售商，而星巴克也連續多年被美國《財富》雜誌評為「最受尊敬的企業」。

至今，老蓋茲在提到舒茲時，也難掩讚美之情，他稱讚對方有「罕見的才能」，簡直就是「一個傳奇」。

霍華．舒茲語錄——關於獲勝的把握

「我想要在咖啡中調入浪漫，勇於在其他人認為不可能的事情上努力，以創新的觀念挑戰失敗的可能性，並以優雅的方法來做這些事情。」

解析：創業之初其實最難，難在創業者不能肯定自己的想法是否正確，從而在猶豫中貽誤了商機。其實沒有人能知道自己將來是百分之百的成功還是百分之百的失敗，但有一點能確定，那就是如果不去做，失敗肯定會到來。

帶全家脫離貧困的有志少年

精明商人蔡萬春

蔡萬春檔案

國籍：中華民國。

籍貫：苗栗縣竹南鎮。

出生年代：一九一六年。

職業：國泰集團前董事長兼總經理。

頭銜：臺灣最大的金融資本家、全球華人首富。

臺灣人應該對蔡萬春不陌生，他便是大名鼎鼎的國泰集團創始人，他靠著自己的努力，讓蔡家從一個平凡的農家一躍成為臺灣名門望族，這番神奇經歷足以讓很多人驚嘆不已。

蔡萬春是蔡家次子，為人有膽識，善於開拓，他具有天生的領導才能，總能說服家人跟著他做事，最終帶領全家脫貧致富，簡直如同救星一般。蔡家能有這樣一位後人，可以說是前世修來的福分了。

全家跟著十六歲的少年一同搬遷

蔡家祖祖輩輩都是農民，到了蔡萬春這一代，其父一共生了五男三女，可謂人丁興旺，成為了一個大家族。

可是人一多，意味著吃飯的嘴也多了，蔡家因此困苦不堪，總是為生計而發愁。

蔡萬春的父母儘管窮，卻也明白讀書有用的道理，夫妻二人省吃儉用，讓蔡萬春進私塾讀書，而蔡萬春也沒讓父母失望，他的成績一直名列前茅，而且書法和演講還年年獲獎，教書先生因此很喜歡他。

可惜在十五歲那年，家裡再也拿不出錢供蔡萬春讀書了。離開私塾的蔡萬春一開始有點難過，但他很快就振作起來，決定用工作來激勵自己去創造新的生活。

第二年，他和兄長蔡萬生想去投靠大姨父陳芋，父親被兄弟倆說動，同意從未出過遠門的兩個兒子去見見世面。

於是，蔡萬春兄弟找到了人在墾丁的陳芋，幫助姨父幹活、賣菜，正是在姨父那裡，蔡萬春第一次學到了做生意的方法，這也為他後來的謀生奠定了基礎。

長期在姨父手下做事也不是辦法，兄弟倆決定自謀生路，他們開始了水果批發和銷售，不過生意仍舊無法形成氣候，為了增加水果的經營種類，蔡萬春勸全家人一起搬遷到墾丁，這樣家人就可以既賣水果又養魚，生活自然過得比從前輕鬆一些。

不過蔡萬春並不滿足，他覺得種田賺錢太慢，就考入了日本「資生堂」化妝品公司，他先後擔任過推銷員和分公司經理之職，在化妝品公司待了六年後，他的業務水準大大提升，此時的他，已經開始掌握經營者所需的管理能力了。

童年的魚湯拌飯竟成意外商機

生活在二十世紀上半葉的人們，總會對抗日戰爭留下深刻的印象，無數人因戰爭而家破人亡，陷入水深火熱的困境中。

蔡萬春也對戰爭銘記於心，在日軍全面侵華初期，他確實也受到影響，被迫辭去「資生堂」的工作，回到老家生活。

這時的販魚和水果生意已經一落千丈，人們都在往家裡囤積糧食，還有誰有心情整日挎著菜籃子上街買菜呢？

蔡家一籌莫展，再這樣下去，全家都要等著喝西北風了。

蔡萬春有看報紙的習慣，有一天，他在報上無意間看到一則消息：魚類和水果可以釀製出醬油。

在當時，醬油非常稀有，人們都喜歡在炒菜時滴幾滴醬油，這樣的話可以增添菜的香味。

蔡萬春閉上眼睛，回想起小時候的情景：因為家裡太窮，父親好不容易在河裡捕了幾條魚，都不准大家吃魚肉，而是將魚一遍一遍地熬湯喝。

蔡萬春和其他兄弟姊妹便用魚湯泡米飯，一口氣將飯吃完，那時他們都覺得魚湯拌飯是世界上最美味的食物。

如果用鮮魚湯和大豆製成醬油，其他人也一定會覺得那是世界最美味的食物！蔡萬春激動地想。

於是，他馬上和家人商議做醬油的事情，全家在村裡土地公廟前的廣場上將大豆曬乾，然後以鮮魚湯為輔料製作出味素醬油，拿到市場上去賣。

由於軍隊也需要大量的醬油和醋，蔡家還與軍方達成了一筆生意，每年定量供給軍隊調料。

正所謂亂世出英雄，在別人受戰爭之苦貧困潦倒時，蔡萬春卻逆流而上，竟然憑藉戰爭翻身，等到戰事結束，蔡家的身家已有六十萬元，這在當時可是一筆鉅款了。

臺灣蔡家是怎樣成為豪門的？

一九三八年，蔡萬春買下臺北衡陽路的四棟房子，辦起了一家規模較大的雜貨商鋪，春風得意的他又在當年娶得嬌妻，眼看著人生邁進了第一個高峰，而他竟然只有二十三歲。

他不僅賣雜貨，而且開旅社，又生產各種日用品和玩具，還將觸手伸及木材、鋼鐵、醫藥等各個領域，到了四十二歲那年，他以無可辯駁的實力出任臺北第十信用合作社（簡稱「十信」）的理事會主席，開始了人生的第二個高峰。

也許有人會覺得那些成功人士之所以能取得成功，是因為他們的身分和資源在幫忙，那就看一看蔡萬春的業績：在他剛接手「十信」時，「十信」在全臺灣七十三家信用社中排名六十一，但僅僅過了三年，蔡萬春就讓「十信」登上了第一的寶座。

所以說，成功者大多都是有本事的，他們也完全有理由吹捧自己。

做了這麼多事後，蔡萬春依舊不滿足，他一直都想在金融領域有一番作為，為此他還不斷去日本考察，結果發現保險業在金融界佔有很重的地位，因此萌發了開保險公司的念頭。

只要你真正想做事，上帝不會虧待你的，機會很快降臨到蔡萬春的頭上。

一九六〇年，臺灣批准了民間成立保險公司的決定，當時的政界紅人林頂立看準時機，想第一個申請保險公司的執照。

可惜他沒有錢，最後一路問人，找到了蔡萬春，二人再加上臺北商界名人張傳祥，一致決定成立國泰產物保險公司。

國泰二字，便是國泰民安，當時的蔡萬春只是想往金融業發展，他並沒有想到國泰會讓蔡家成為臺灣頂級豪門。

儘管是政商合作，但蔡家持有國泰的百分之六十股份，所以公司大權依舊掌握在蔡家手上。蔡萬春從二十世紀六〇年代起，先後成立建築、信託、廣告、石油化工公司，將國泰變成一個龐大的集團。

別看蔡萬春成了億萬富翁，實則國泰在二十世紀七〇年代的負債也達到了八十五億元，所以蔡萬春的膽色實在驚人。

隨後，國泰的勢力越發壯大，到一九七七年，其資產總額已經達到三百五十億元，至此，蔡家一躍成為臺灣的名門望族，而蔡萬春做為族長，為家族譜寫了一個幾代難忘的傳奇。

蔡萬春語錄——關於成功的條件

「一個人事業要成功，必須具備力量、膽量、肚量三個條件。」

解析：力量、膽量自不用說，肚量從蔡萬春身上也可見一斑。他在一九七九年因中風而決定將國泰的權力分給自己的兒子和幾個兄弟，國泰由此一分為六，蔡萬春這種捨己為家的態度確實值得大家深深敬佩。

多次瀕臨破產的泰國首富

鐵打的「農夫」謝易初

謝易初檔案
原名：謝進強。
國籍：泰國。
祖籍：廣東省汕頭市。
出生年代：一八九六年。
職業：正大集團第一任董事長。
榮譽：廣東澄海縣華僑中學將他投資贈建的科學館命名為「易初科學館」。
頭銜：愛國華僑、良種大王、泰國首富。

一九五二年春末的一個下午，在廣東澄海縣的一個小農場裡，一個四十多歲的「農民」正蹲在田地裡仔細地查看菜苗的生長情況，在豔陽的高照下，他額頭上的汗水滴進了腳下的泥土，可是他依舊那麼認真，彷佛那些綠苗都是他的孩子一樣。

第二年，他在泰國正式註冊了「卜蜂集團」，也就是中國大陸熟知的正大集團，這個人就是謝易初，以農牧業打造華人世界最大跨國公司之一——正大集團的創始人。

他是個農民，最喜歡做的就是農活，在創業之初還多次面臨破產的絕境，可是他沒有認輸，而是用親身經歷告訴世人，什麼叫做「三百六十行，行行出狀元」，足以令我們每一個人深刻反思。

第一次創業，失敗後含淚下南洋

謝易初從小就有志向，他的父親曾去新加坡捕魚，失敗後只能回到老家繼續與耕田打交道，可是謝易初卻覺得單純出賣體力不是長遠之計。他想用技術去改造農業。

有一次，他在野外採到了野草菇，便帶回家炒菜，結果發現這種野生菌特別好吃，於是想人工培育草菇。

他找了一塊園地當苗圃，還向其他農民虛心學習，當地的老農紛紛搖頭說不可能，整個潮汕都沒有人工培植草菇的先例，一個年輕人又怎麼可能成功呢！

沒想到，在經過反覆試驗後，謝易初培育的第一批草菇竟然長出來了！令老農們嘖嘖稱奇，還欽佩地喊他「草菇佬」。

嚐到成功甜頭的謝易初決定創業，他看到中國的民族工業稍有抬頭之勢，就與人合作創辦了一家小型織布廠，期望賺取人生中的第一桶金。

誰知到第二年，老天存心要給這個二十六歲的年輕人一記沉重的打擊，在當年的八月二日，一場特大颱風席捲了廣東，外砂鎮由於瀕臨海岸，損失最為慘重，而謝易初也一下子血本無歸。

這真是歷史上罕見的天災啊！謝易初握著手中僅剩的一點銀子，簡直欲哭無淚。可是生活還在繼續，再艱難也要活下去，他購買了一些菜籽，決定前往泰國創業。出發前，他只帶了八塊銀元，還有一個小本子，上面記滿了他以往培育種苗的經驗，他終於決定做回老本行，與農業打一輩子的交道。

第二次創業，戰事打亂了他的計畫

謝易初來到泰國的首都暹京（即曼谷）後，在老鄉的幫助下租了一間店，經營潮汕菜籽生意。他的店名叫「正大莊」，取自「正大光明」之意。

可是暹京本地的菜籽商卻一點也不「光明」，他們壟斷了優質菜籽的市場，還聯手打擊創業新人的生意，為了與他們分庭抗禮，謝易初加大採購優質菜籽的力度，同時調整經營班子，並選取樣田，經常給農民演示正大莊菜籽的優質品種。

當地人哪裡見過這等架勢，立刻對謝易初的做法心悅誠服，就這樣，正大莊的生意越來越好，在暹京的菜籽業逐漸站穩了腳跟。

此事也讓謝易初明白，想要獲取品質優良的菜籽，靠自己培育才是最保險的，他計畫返回潮汕老家開闢良種基地，卻沒料到舉世震驚的「九一八」事件爆發了。

很快，暹京的商鋪一家家地關門，正大莊的生意也一落千丈，良種基地的計畫遙遙無期，謝易初只得帶著兒子和姪子來到雲南，讓孩子們在當地讀書。

他在休養了一段時間後，仍對基地念念不忘，決定返回泰國，而將基地改設在暹南春蓬府地區。

第三次創業，差點賠了個底朝天

謝易初找到了自己的兩位本家——謝老四和謝順昌，三人各投入一筆資金在良種基地種植西瓜。

種西瓜這件事也是謝易初思索良久的決定，暹京天氣炎熱，西瓜的銷路一直很好，而且高溫也能讓西瓜有一個好收成。

沒想到時運不濟，當年的暹京天氣突變，本該晴空萬里的時候卻下起連綿不斷的暴雨，導致西瓜爛了很多，而沒爛的瓜很小，甜度也不夠，根本無人問津。

這次創業又失敗了，而且沒有一次不是因為突發狀況，差點讓謝易初以為自己是否真的適合創業，不然老天怎麼會如此對他呢？

在經過反復決策後，他仍舊堅持執行良種基地的計畫，他想，自己除了種田經商，還能做什麼呢？就算一時有困難，也不代表以後一直不順，天道酬勤嘛！

於是，矢志不渝的謝易初再一次開闢了基地，而這一回，沒有人再跟他合資了，他獨自承擔經費，營運了五年，維持了正大莊貨源的供應量，這才沒有讓自己的店繼續虧本下去。

第四次創業，用鴨毛挽救頹勢

正當正大莊的生意一天天恢復正常時，厄運再一次找上門來。

一九四一年，太平洋戰爭爆發，泰國到處都是日本的軍隊，正大莊只好關門停業。這一次，謝易初是徹底做不成生意了，他逃難到新加坡的吉洞漁村，直到一九四五年戰爭結束才返回曼谷。

此時的他已經四十九歲了，曾經的店面也只剩一個「正大莊」的招牌，或許曼谷當地人還有一點印象。

謝易初查了查帳目，發現店鋪裡僅有的一點值錢的財物便是一百多倉的大米，他嘆了口氣，將米變賣了兩萬泰銖，然後尋思著下一步出路。

急需資金的他，將目光投在了鴨毛出口的生意上，因為可以獲得頗高的利潤，立志要讓正大莊起死回生的謝易初立即行動，僅用兩年時間就宣告翻身，而且在泰國南部和馬來西亞都開設了分店。

這樣一來，他一直想做的基地農場事業終於可以運作了！

在泰國清邁，他購置大片土地，開辦蔬菜培育農場，將正大莊變成了一個集種植、改良、銷售於一體的綜合集團。

一九五三年，正大集團成功註冊，從此興盛至今。綜觀謝易初一生，其實他是個懂得經營的「技術農夫」，他一直在做著自己喜愛的事情，這應該是他最終成功的不二法門吧！

謝易初語錄——下南洋七言詩

「背籃背袋去過洋，異鄉流落哭爹娘，南海迢迢苦萬丈，眼淚滴滿七洲洋。」

解析：七洲洋就是臺灣海峽西南至海南島東北之間的海域，這首打油詩描述了謝易初當年孤身闖南洋時的心情，白手起家的創業者都有一段艱難歲月，我們且不妨將自己的難處也加以珍藏，說不定以後也能成為一段軼事佳話。

將妹妹送給他人的窮小子
王永慶的豪門史話

王永慶檔案
國籍：中華民國。
籍貫：新北市新店區。
出生年代：一九一七年。
身價：六十八億美元（截止至二〇〇八年）。
職業：台塑集團前總裁。
頭銜：塑膠大王、臺灣的經營之神。

說起臺灣的台塑集團，就不能不提及它的創始人王永慶，當年要不是王永慶以兩百元舊臺幣創業，台塑今日怎能躋身「世界企業五十強」的行列呢？

二〇〇八年十月，王永慶在美國病逝，眾多名流參與了他的追悼會，一同追思王永慶的傳奇一生。

王永慶出身貧寒，其父當年差點自殺，其妹被他親手送給他人，這一切都激發了他賺大錢的慾望，為了錢，他運籌帷幄，甚至不惜鋌而走險，可是他卻在彌留之際告訴後代：錢財乃身外之物，真是令人唏噓。

因送走妹妹而自責的哥哥

王永慶的祖上一直是茶農，正如一句著名的詩句「遍身羅綺者，不是養蠶人」所說的那樣，王家並不富裕，也喝不起品質好的茶，只能艱難度日。

到了王永慶的曾祖父王天來這一輩，日子更是難熬，於是王天來就從福建老家來到臺灣。本以為可以開闢一番新天地，誰知始終未找到出路，無奈之下，王天來只好重操舊業，繼續種茶維生。

王天來的子嗣很多，他的第四個孩子中王長庚最為聰明，可惜體弱多病，難以擔當家庭重任。

到了王永慶這一輩，他的兄弟姊妹也很多，共有八個，可是從他懂事時起，父親王長庚就一直在與藥罐打交道，全家的溫飽問題都壓在他母親身上。

母親平時要種茶、挑茶，還把茶葉拿到市場上去賣，她還非常節儉，要等一家老小全部吃完飯才開始吃剩下的殘羹冷炙，這對王永慶的觸動非常大，他希望以後能多賺點錢，好讓母親不要再這麼操勞。

王永慶的父親因為身患重病，差點就選擇結束自己的性命，好在被妻子及時發現，才避免了悲劇的發生。

天可憐見，王長庚的身體竟然一天天好起來，可是由於家中長期缺乏勞力，王長庚的家境越是破落，再也養不起幾個孩子了。

最終，王永慶的父母做出了一個艱難的決定：將三個女兒送給他人收養，以便減輕家庭負擔。王永慶在聽到這個消息後，簡直如同五雷轟頂，他非常不同意父母的做法，可是他的阻撓沒有成效，妹妹們還是送人了。

甚至在妹妹被送走的當天，王永慶也在現場目睹了一切，他非常自責，覺得是自己沒有能力，才導致妹妹被送人的。

從此，他卯足了勁賺錢，希望能將妹妹贖回來，後來妹妹們長大了，他為了能讓她們以王家人的身分出嫁，又不惜砸鍋賣鐵地給她們添置嫁妝，以彌補自己這個哥哥未盡到的責任。

用兩百元展開十年米店生意

王永慶在成功後，曾總結自身的創業經驗，這樣說道：「我年輕時就深刻體會到，先天環境的好壞不足喜，亦不足憂，成功的關鍵完全在於一己的努力。」

是的，他的出身無法為他加分，初次創業時僅有兩百元，又是白手起家無人幫忙，他卻照樣能做成上億身家，充分說明天道酬勤這個真理。

在王永慶十歲時，他就被祖父勸誡「靠茶葉維生，必定失敗」，王永慶一直銘記於心。十五歲那年，他在一家茶園當了雜工，後來到商業重鎮嘉義打工。

嘉義當地盛行稻米與木材生意，他便在一家米店當了一年學徒，學到了很多銷售稻米所需的經驗。

他意識到自己開店才真正有利可圖，就說服父親向別人借來兩百日圓，然後開辦了一家米店。

如何在眾多的米鋪中吸引客源，是王永慶極需解決的一個問題，好在他的兩個弟弟來到他店裡幫忙，兄弟三人挨家挨戶地推銷稻米，還首創免費送米上門的服務，讓客人們驚喜不已。

雖然這樣一來，王永慶的米店就得比別家店鋪一天多做四個鐘頭，但他並不在意，對他來說，前期打響招牌是非常必要的。

此外，由於當時的農業技術很不發達，所以米店賣出的稻米中經常摻雜著砂粒和米糠，讓顧客們抱怨回家還要仔細淘米。

王永慶便再費時間幫客人們解決了這個問題，他每次在賣米之前都會仔細篩一遍大米，確定沒有雜質了才拿出去販賣。

可是雜質篩出來後稻米的重量會變輕，賺的錢就少了，怎麼辦？

這難不倒王永慶，他在米中加入了一種叫石膏粉的食品添加劑，如此一來，顧客們都會稱讚他的米品質好，還會多付給他錢。

雖然他的販米手法不是很有誠信，但相較當時的其他商家還算服務優良，所以他的米店很快就門庭若市，越來越興旺，他也因此在米行生意裡一做就是十年。

從囚犯變成臺灣的經濟奇蹟

轉眼間，第二次世界大戰來臨，由於大米被官方限量配給，王永慶的米店生意從此告終。王永慶立刻轉行做其他買賣。

十年的經商生涯鍛鍊了他的膽色，所以只要是有利可圖的生意，他都想去做，卻未考慮過是否合理，於是產生很嚴重的後果。

戰後，他涉足磚瓦和木材生意，由於臺灣的珍貴林木，如牛樟、檜木在日本很受歡迎，他就暗地裡大量砍伐這些樹木銷往日本。

濫砍亂伐的結果是生態系統被破壞，一九五九年，臺灣中南部地區爆發了著名的八七水災，死傷人數達數千人，另有失蹤者近千人，受災群眾約三十萬人。

災難發生後，王永慶被人們譏諷為「山老鼠」，臺灣當局震怒，要嚴懲王氏兄弟。為了保全哥哥，弟弟王永在替王永慶頂罪，鋃鐺入獄。

王永慶為此很自責，他覺得還是因為自己沒有能力，才做出了有違法紀的事情，他應該尋思一條新的出路，既能盈利頗豐，而又光明正大。

該做什麼呢？

一九五四年，他獲得了美國的援助，貸到了七十九萬八千美元的鉅款，而這時恰好政府欲大力發展經濟，王永慶便成立了福懋塑膠公司，配合政府的需求生產 PVC 塑膠粉。

三年後，「福懋」改名為台塑，而公司自建立後業績就連年增長，並擴張到電子、石化、醫療等各個領域，被稱為「臺灣經濟奇蹟的象徵」。

王永慶因台塑而被譽為「臺灣的經營之神」，其財富在全臺灣數一數二，並多次被美國《富比士》雜誌評為臺灣頂級富豪。

王家的家業由此壯大，家族後人基本上皆進入台塑集團的權力中心，展開了二代經營。

儘管已經脫離貧困，但王永慶依舊保持了兩個好的習慣：一是勤奮，他每週要工作一百小時，即便是年逾古稀，也從不懈怠；二是節儉，他認為每節約一塊錢就等於賺了一塊錢，雖然聽起來有點「小氣」，但他為公益事業捐獻財物時，卻從未心疼一分錢。

人生的走向全掌握在自己手裡，出身真的沒那麼重要，不是只有王永慶擁有改變命運的能力，我們每一個人也同樣有這個能力去成就自己。

王永慶語錄——關於人生與財富

「財富雖然是每個人都喜歡的，但它並非與生俱來，同時也不是任何人可以隨身帶走。人經由各自努力程度之不同，在其一生當中固然可能累積或多或少之財富，然而當生命終結，辭別人世之時，這些財富將再全數歸還社會，無人可以例外。」

解析：這是王永慶在遺囑中留給子孫的第一段話，也是一個老人花了九十一年的時間總結出來的人生經驗，王永慶一生都在追求財富，最後卻說出這番告誡，足見財富只能為人所用，卻並非快樂之源。

17

靠塑膠花成為香港首富

李嘉誠的超人哲學

李嘉誠檔案
綽號：李超人。
國籍：中國。
籍貫：福建省莆田市。
出生年代：一九二八年。
職位：長江實業（集團）有限公司及和記黃埔有限公司董事局主席。
身價：三百三十三億美元（截止至二〇一五年）。
頭銜：亞洲首富、二〇一五年《富比士》全球富豪榜第十七名。

香港的珠寶大王鄭裕彤曾說過，李嘉誠是個典型的工作狂，每天早上八點多就要開始上班，約他打高爾夫球，結果李嘉誠竟然把開球時間訂在早上六點，而鄭裕彤還沒起床呢！

如今，李嘉誠已是一個近九十歲的老人，卻仍精神矍鑠地在世界各地奔走，如同「超人」，當年他以一支塑膠花起家，而後便一路穩步上升，建立起一個足以笑傲全亞洲的財富帝國，為何他能在長達半個世紀的時間裡屹立不倒？且看他的超人哲學。

被相師判「死刑」的命運

李嘉誠生於廣東潮安一個清貧的教師家庭，十二歲那年，日軍轟炸潮州，全家人逃難到了香港，舉目無親之下，只得艱難地尋求生路。

李父從事教師職業十幾年，當然想做回老本行，可是他在香港卻始終找不到工作，全家人眼看著生活無著落，只好去投奔李嘉誠的舅父莊靜庵。

李父不久後因為肺病鬱鬱而終，在彌留之際，他用渙散的目光看著兒子，問兒子有什麼願望，李嘉誠流著眼淚說：「我以後一定要讓家人過上好日子！」

可是兩年後，一個同鄉卻給了李嘉誠一個很大的打擊。

原來，這位老鄉會看面相，他對李母說：「你兒子雙眼無神、骨架瘦弱，將來恐怕難成大器！就算他兢兢業業、勤奮守己，也只能勉強圖個溫飽，但是飛黃騰達是不可能的！」

李母聽了這番話，心裡很難過，但她還是鼓勵兒子不要放棄希望，李嘉誠也反過來勸母親安心，他覺得上天不會虧待勤勞和善良的人，因此他仍舊對未來充滿了信心。

此時的他已經在一家鐘錶公司當推銷員，做為長子，必須把家庭重擔給扛起來。

李嘉誠深信勤奮終會有回報，如果只有聰明而不努力，只會落得竹籃打水一場空的地步。

於是，別的推銷員每天工作八小時，李嘉誠的工作時間則翻了倍——十六個小時！他的回報是只用了一年的時間就成為全場業績最好的推銷員，而且比第二名足足高出七倍！

老闆對他大加讚賞，後來聽說他晚上還要去讀夜校，擔心這個人才去讀大學，便立刻升任他為總經理，而這一年，李嘉誠才十八歲。

不信命運，勤奮努力，是李嘉誠總結出來的第一個哲學。

用誠信和塑膠花挽救破產危機

在當了三年總經理後，李嘉誠想自己創業，他向叔父和堂弟借了四萬多元，再加上自己手頭的七千港幣，在港島的皇后大道開設了一家塑膠工廠，專門生產玩具和家庭用品。

在為工廠取名時，他取荀子《勸學篇》中的詩句「不積小流，無以成江海」之意，將企業命名為「長江」，希望自己的實業能如江河般連綿不絕。可是，自主創業還是跟替別人打工很不一樣，需要面面俱到，否則就算是真的長江也會有斷流的危險。

一開始，李嘉誠只顧接單和出貨，沒有考慮過產品品質，導致產品越來越粗糙，這使得客戶非常不滿，紛紛要求退貨。不得已之下，李嘉誠只能對已經生產出的產品進行回籠加工，可是這樣一來又延遲了交貨時間，使得工廠面臨毀約的問題。長江逐漸被原料商和客戶逼到了破產的邊緣，李嘉誠這才明白，誠信對一個企業家來說才是最重要的。

他趕緊採取補救措施，一個個地找客戶賠罪道歉，並將次品降價出售，再花大錢購置先進機器，五年後，他的工廠終於轉虧為盈，逐步走上正軌。

這時，李嘉誠的事業又陷入了瓶頸中，想繼續往上發展，但產品同質化嚴重，競爭激烈，若是打持久戰的話，只怕利潤會越來越小，這可怎麼辦呢？

有一天，他無意中在英文雜誌《塑膠》上看到一則消息：一家義大利公司生產塑膠花，結果在歐美市場大受歡迎，這給了他一個很大的啟示，塑膠不僅可以做為家用品，還可以做為裝飾品，而且物美價廉，正是市場上需要的產品啊！

當時香港市面上還沒有人生產塑膠花，事不宜遲，李嘉誠立刻去義大利學習，待學成回國，他接到了第一筆塑膠花的訂單。

那個客戶是美籍猶太人馬素，他原本說好出貨後要銷往美國，誰知後來竟無故取消了訂單。令馬素意外的是，李嘉誠並沒有要求賠償，馬素對此非常感動，回到美國後，他不斷向同行推薦李嘉誠，結果李嘉誠的客戶量大增，反而大大賺了一筆。

誠信與創新，是李嘉誠學到的第二個哲學。

突然被歐洲點名警告的地產大亨

李嘉誠用了五年時間，讓長江企業成為世界一流的塑膠花廠，他也因此招來了一些人的覬覦，比如廠房業主想要將租金翻幾倍，這讓李嘉誠很不滿意。

他明白，想要獲得自主權，就得自置物業。

一九五八年，他首次試水北角英皇道的地皮，建起一棟十二層高的工業大廈，結果工程剛竣工，香港的物業價格就大漲，嚐到甜頭的李嘉誠越是膽大心細，在地產行業大舉進軍，一九七一年他成立了長江置業有限公司，欲挑戰由英國人保羅．渣打創立的置地公司。

置地號稱是全港「地產業王」，但李嘉誠卻毫無畏懼之心，僅用了一年的時間就讓「長江」掛牌上市，在之後的三十年內，他的生意不僅遍及香港的各個角落，還在歐美掀起巨大的波瀾，他也因此獲封了一個稱號——李超人。

樹大招風，二〇〇〇年十月二十五日，歐洲議會突然發佈了一份報告，批評以李嘉誠為首的李氏集團壟斷香港市場，並給予李嘉誠嚴重警告。

李嘉誠馳騁商場多年，如此高調地被國際組織抨擊還是頭一回，他立即予以回擊，稱長江公司所佔股份只佔港市的一成半，根本構不成壟斷行為。

什麼叫壟斷呢？

簡單來說，就是排擠或操縱其他小企業，使自己的產品在市面上佔據極大的銷售比例，但若按李嘉誠所給出的證據，長江的市值並不足以影響整個香港的市值，又何來壟斷之說呢？

就在報告出來的第二天，歐委會再度對李嘉誠點名批評，稱李氏集團旗下的和黃國際港口在一九九九年收購荷蘭鹿特丹歐洲組合碼頭時，未知會歐委會，因此違反了歐盟競爭法，要予以追究，一旦發現存在違法行為，合併交易即被取消。

歐委會如此針對李嘉誠，激起香港商界的千尺浪，有評論家認為歐委會之所以處處抵制李嘉誠，是因為不少歐洲商人已經敗在了李嘉誠的手上，所以他們開始感到害怕了。

李嘉誠倒沒有太多憤慨，他認為公道自在人心，是否合理，還是要讓市場來說明。

忍耐、豁達，是他的第三個哲學。

幾十年間，長江並不太平，可是李嘉誠卻始終能屹立潮頭浪不倒，這與他的創業精神和人生態度有著莫大的關係，也值得每一個人認真學習。

李嘉誠語錄——關於勤奮

1「在二十歲前，事業上的成功百分之百靠雙手勤勞換來；二十歲至三十歲之間，百分之十靠運氣好，百分之九十仍是由勤勞得來；之後，機會的比例也漸漸提高；六十歲之後，運氣已差不多要佔三至四成了。」

2「即使本來有一百的力量足以成事，但我要儲足兩百的力量去攻，而不是隨便去賭一賭。」

3「在事業上謀求成功，沒有什麼絕對的公式。但如果能依賴某些原則的話，能將成功的希望提高很多。」

解析：做到以上這幾點，你也會成為超人。

臺灣首富善用品牌效應

郭台銘的梟雄手腕

郭台銘檔案

國籍：中華民國。

籍貫：新北市板橋區。

出生年代：一九五〇年。

職業：鴻海集團董事長、富士康科技集團CEO。

身價：六十一億美元（截止至二〇一五年）。

頭銜：前臺灣首富、二〇一五年《富比士》全球富豪榜排名第兩百四十名。

郭台銘在臺灣商界享有盛名，他的財富曾在全臺名列榜首，儘管如今身價有所下滑，但因其身上發生的一系列焦點事件，他仍是公眾熱議的話題人物。

按照郭台銘的性格，他並不會在意自己引發的爭議，無論工作還是生活，他都霸氣十足，為此業界還送給他一個綽號——「梟雄」。當年，他一手創辦的鴻海從一個名不見經傳的小企業一躍成為世界3C（電腦、通訊、消費性電子）代工領域規模最大、成長最快、評價最高的國際集團，靠的也正是他的那份梟雄手法。

棟樑總有出頭的那一天

郭台銘自小家境苦寒，他是長子，除了要照顧兩個弟弟外，還得為家裡分擔一些家務事，所以他從小就是父母的得力助手。

在那個唯有讀書高的年代，窮人家的孩子能入學就代表了一種希望，所以父母縮衣節食讓郭台銘進「中國海事專科學校」讀書。

郭台銘明白父母的難處，便在讀書期間半工半讀，替父母分憂。

五年後，他從海專畢業，終於可以不用再為學費發愁，此時的他很快進入軍營，開始為期兩年的服役生涯。

二十三歲那年，他和朋友一起在臺北縣創辦了鴻海塑膠企業有限公司，開始了人生中的第一次創業。

在二十三歲以前，郭台銘一直是一個不起眼的小人物，正如同他剛建立的鴻海，可是郭台銘並不在意，他知道自己一定能成功。

自信的他一向擁有一種鎮定自若的氣場，他說：「阿里山的神木（臺灣最著名的風景）之所以大，是由四千年前掉進土裡的種子決定的，絕不是四千年後才知道的。」

那意思便是，英雄無論在哪裡，都能成為棟樑之才，就算時機未到又怎樣，總有一天會顯露出他的鋒芒！

不過，剛當上老闆的郭台銘顯然是未到時機，由於缺乏經驗，合夥人在短短一年的時間裡就撤資退出，僅剩郭台銘一人獨力支撐整個企業。

眼看企業一天比一天衰敗，郭台銘很著急，到處尋找商機。

跟著科技的腳步一路前進

在二十世紀七〇年代，黑白電視機剛剛在臺灣市面上出現，郭台銘便動起了心思，也想參與到這個新興的行業中來。

可是鴻海當時的資金只有三十萬臺幣，而企業僅有十五名員工，怎麼可能造出精密度極高的電視機呢？

郭台銘決定從小處著手，先製造電視機選臺的按鈕。

他的決策挽救了企業，一九七七年，鴻海終於開始盈利，這時郭台銘又抓住時機，從日本購買了一系列模具設備，建立起模具生產工廠，這就是如今的富士康的前身。

又過了十年，電腦這個新寵悄然誕生，郭台銘再度以電腦的連接器、機身外殼為重點，實行低價量大的競爭策略，在電腦行業中佔據了一席之地。

一九八五年，郭台銘已經不滿足在臺灣發展，他決定去美國開拓市場，而洽談的合作對象也是IBM、英特爾、康柏、戴爾這一些大牌的電腦廠商。

其實在鴻海建立之初，郭台銘就訂下了明確的發展目標，那就是「四流人才、三流管理、二流設備、一流客戶」，他認為只有先抓住大客戶，鴻海的名號才能更加響亮，底氣也才能更加充足，因此他不再猶豫，很快就買了去美國的機票，意圖在大西洋彼岸大展拳腳。

善用品牌效應是最容易成功的辦法

郭台銘知道，消費者在購物時，往往會受品牌效應的支配，選擇名氣大的產品，如果鴻海跟這些品牌合作，則鴻海生產的產品越多，買的人也就越多，獲得的利潤肯定會越大。

他信心十足，彷彿知道那些美國企業會跟自己合作似的，便精力充沛地在全美奔波演說，試圖說服那些大客戶。

由於美國機票很貴，而且在鄰近城市起飛也不划算，郭台銘就曾一度自己開車穿行於美國的各大州。

白天，他六點鐘出發，上午十點前達到客戶的辦公室，談完生意後又馬上開車前往下一個城市，晚上十一點後才能抵達汽車旅館，花上十二美元睡一晚，第二天再極早出發。

儘管如此辛苦，但是第一次的美國之行還是收穫不大，因為美國人都沒聽過鴻海的名字，這也讓郭台銘放棄了自己做代理商的想法，他聘請一位美國人做行銷經理，讓對方又跑業務又當司機，一舉兩得，充分展現出商人的精明個性。

在與康柏的交涉中，由於康柏一開始不肯合作，郭台銘花大手筆在對方的總部旁建了一個成型機廠，這樣的話康柏一有新設計，當天就能看到模型！

這種討好客戶的做法贏取了不少大客戶的心，而且郭台銘還承諾不創立鴻海自己的品牌，只做零件供應商，「傍大款」傍得忠心耿耿，哄得那些大廠商非常開心，訂單自然像雪花般地飛過來了。郭台銘用了幾年的時間，走訪了美國五十二個州中的三十二個，他的努力沒有白費，如今全世界每五臺電腦中，就有一臺裝有鴻海製造出的零件。

郭台銘並不認為自己對那些大客戶的態度是「卑躬屈膝」，他認為每個人都該在每一階段認清自己的優勢與劣勢，臺灣工業當前的優勢依舊是人力資源，那為何要另闢蹊徑，拋開這項長處呢？

英雄不問出處，成功也不問手法，郭台銘用他的經驗來告訴我們，唯有結果才是檢驗才能的唯一標準。

郭台銘語錄——關於用人

1 **「我不是天才，因為天才只能留在天上，我們頂多是人才，但要有執行力才算數。」**

2 **「不管經濟如何挑戰我們，員工是我們的寶貴資產，所以你們要有信心——富士康將造三十萬臺機器人用於單調、危險性強的工作。」**

3 **「競爭導向贏的策略——生意型態↓經營的策略（核心競爭能力↓建立系統↓建立組織↓找對人才。」**

4 **「創業要敢用，勇於把人才變將才。」**

5 **「員工有任何問題都可以找工會，工會必須給出一個答覆！」**

解析：人是第一生產力，尊重人才，企業才會做大做久。

百戰百勝的施至誠

被一把火燒得一貧如洗的亞洲鞋王

施至誠檔案

國籍：菲律賓。

祖籍：福建省晉江市。

出生年代：一九二四年。

職業：菲律賓SM集團董事局主席。

身價：一百四十二億美元（截止至二〇一五年）。

頭銜：菲律賓首富、亞洲鞋王、二〇一五年《富比士》全球富豪榜第七十三名。

一九八五年，菲律賓的商界出現了一片質疑聲，爭議的焦點在一個名叫施至誠的鞋商身上，他將自己佔地十七公頃、可出租面積達二十六萬平方公尺的鞋莊購物中心建在了一個交通十分閉塞的市鎮奎松上，經濟學家紛紛認為他瘋了。

沒想到，施至誠的鞋莊大獲成功，後來他又接連做出驚人舉動，而成功總是站在他那一邊，連菲律賓的《利潤》雜誌都無可奈何地讚嘆道：「施至誠瘋得像隻狐狸，對於購物中心的投資，他從未犯過錯誤，一次也沒有。」

為何施至誠會百戰百勝、一帆風順？這與他的努力是分不開的，甚至當年施家被火焚毀都成為施至誠發跡的開端，不得不說，聰明人總有讓逆境變成順境的能力。

一把火燒出了一個金點子

和很多去南洋發展的商人一樣，施至誠也是從中國東南沿海移民來到東南亞的，不過當年他離開祖國時才十二歲，對一切都還懵懵懂懂，在異國也沒有興奮或悲傷的情緒，他只是感到孤獨。當時他不會說英語，也不會說菲律賓當地的加祿語，因此看到同齡人也不敢和他們玩耍，只能整天和父母待在一起。

施至誠的父母用身上僅有的一點錢在馬尼拉開了一家小雜貨店，賣一些蔬菜、乾貨和日用品，當地華人稱之為「菜仔店」。

施至誠就幫著父母經營商店，他努力地學著加祿語，為的不僅是做生意，也是為盡快擴大自己的交際圈而做準備。

可是店小利薄，平時僅能混個溫飽，一家人整日辛苦忙碌，連休息的時間也沒有，施至誠根本交不到什麼朋友。

正當一家人在底層苦苦掙扎時，一場厄運突然降臨。

一九四一年，日軍入侵馬尼拉，整座城市陷入炮火的包圍中，大片建築變成廢墟和焦土，而施家的小店鋪也沒逃過一劫，很快就在一場大火中被燒了個精光。

全家人欲哭無淚，這是他們的最後一點家底啊！

四年後，第二次世界大戰結束，施至誠一家才有了喘息的機會，施至誠這時已經是個青年了，他開始尋思著賺錢的商機，好讓家裡擺脫貧困的境地。

由於當年的那場大火將他們家燒得幾乎空無一物，施至誠和父母都沒有鞋子穿，只能用舊布做成鞋面，自己給自己做鞋穿。

施至誠由此想出了一個好點子，他知道很多人和自己家一樣，家財毀於戰火之中，很多人也穿不起鞋子，何不做鞋莊生意呢？

從鞋莊變成百貨公司

施家重新開起了雜貨鋪，而施至誠在店裡擺了一些鞋子，他希望那些光著腳的顧客能注意到這一點。

結果不出他所料，店裡的鞋子很快銷售一空，施至誠很高興，又進了很多鞋子販售。

到一九四八年底，他與一家大鞋店合夥，專門做起鞋業生意。

幾年後，他開始到歐美訂購鞋子，經常顛簸四十個小時前往紐約和波士頓挑選好看的皮鞋款式，同時也注意學習歐美人的生意經。

在經驗豐富之後，施至誠覺得是自己創業的時候，一九五八年，他在馬尼拉開了自己的第一家店——「鞋莊」，之後生意一直很興盛，讓他感嘆自己前幾年的辛苦沒有白費。

在國外逗留的日子裡，施至誠逐漸對零售業產生了興趣，所以他不只想賣鞋子，同時也想銷售點別的商品。

此時的施至誠已經結婚，妻子也在幫他一起經營鞋莊，同時他還育有一子一女。

施至誠的妻子因為時常要幫孩子買童裝，乾脆就在店裡加了童裝的櫃檯，後來成人男裝、女裝也加了進來，鞋莊變成了一家百貨公司。

一九七二年，為了擴大業務，施至誠在馬尼拉開設了他的第一家百貨公司，十三年後，他的第一家大型購物中心在郊區又創辦成功，正如評論家感慨的那樣，施至誠做什麼事情都是劍走偏鋒，可是他就是能百戰百勝！

亞洲鞋王也有被誣陷的時候

一九八六年，菲律賓前總統馬科斯下臺，菲律賓終於結束了近二十年的軍事管制，施至誠敏感地意識到零售業將隨著社會生活的開放而興旺起來。

於是，他搶住先機在馬尼拉購置了大片土地，建立起一個又一個購物中心，同時也涉足房地產業，為日後的 SM 集團奠定了經濟基礎。

就在施至誠大動干戈地發展地產時，菲律賓的政局卻動盪起來，舊黨派發動了兵變，妄圖使菲律賓重新回到過去的專制統治之下，這讓施至誠心中著急起來，他不知命運是否會再將自己一軍。

幸好，阿基諾總統挫敗了兵變陰謀，施至誠的商城得以繼續發展，並在幾十年的時間裡成為商界的佼佼者。

眼看施至誠如此成功，自然會讓一些人眼紅。

二〇〇三年三月，施至誠突然被人控告侵吞國家財產，理由是他的公司在一九九四年逃漏了五十七億比索的賦稅。

七十九歲的施至誠不得不對簿公堂，親自到菲律賓證券交易委員會遞交證明文件證實自己的清白。

法院經過分析，認為施至誠當年的做法完全符合菲律賓稅法的免稅條款，施至誠這才得以避開一場口舌之爭。

如今，鞋莊（Shoe Mart，簡稱 SM）已囊括了三十六家連鎖百貨公司、一百一十一家超市、家電中心、五金店、玩具店和家具店等，還擁有菲律賓第二大銀行，成為一個響徹國內外的大集團。

回想過去的那一把火，也許施至誠真該心存感激，若非大火引發出的創業靈感，哪會有如今他的功成名就啊！

施至誠語錄——怎樣才能成功

「成功並不全靠好運氣，它是辛勤勞作、良好信用、機遇、平時準備和恰當時機的化合物。當機遇突然降臨時，你必須在平時有所準備地抓住它，否則它將很快落入其他人手中。當然，成功並不是永久的，除非你能很仔細地呵護它。如果一切順利，千萬別節外生枝。」

解析：其實施至誠的話總結起來就是三點：1、努力；2、抓住機會；3、守住成果。做到這三點，成功才可以永恆。

帶著二十七美元闖蕩華爾街

股市教父胡立陽

胡立陽檔案

國籍：中華民國。

職業：美林證券副總裁、臺灣「財政部證券管理委員會」顧問、臺灣證券市場發展基金會祕書長。

榮譽：演講次數和聽眾人數創下金氏世界紀錄。

學歷：美國加州聖塔克拉大學會計學士、企管碩士。

頭銜：華爾街股市神童、亞洲股市教父。

美國華爾街是世界知名的金融中心，多少人為了躋身其中而擠得頭破血流，而在華爾街上，有一家最大的證券公司——美林證券，又不知有多少人為了在裡面謀得棲身之所而拼得你死我活。可是在二十世紀八〇年代，竟有一位華人只用了三年時間就在華爾街站穩腳跟，並在三十三歲當上美林證券的副總裁，成為在華爾街職位最高的一位華人。

他就是「股神」胡立陽，帶著二十七美元闖蕩華爾街的勇敢者，當初他剛畢業，沒有任何經驗，也沒有任何背景，只憑藉聰穎的頭腦和出眾的口才就打動了美林的老總，他的升遷像一個傳奇，帶給人們無限的啟發。

二十七美元能撐多久？

二十世紀七〇年代末，胡立陽在美國就讀大學，他從學士一路念到碩士，學業上倒是很順利，但是畢業後，他卻發現情況很糟糕了。

因為離校之後，他口袋裡的錢已不多，如果不及時找到工作的話，他在美國就混不下去了！由於自己是企業管理碩士，胡立陽就想往企業高管層發展，他去面試了很多大公司，可是對方一看到他只是個沒有經驗的畢業生，都將他拒之門外。

胡立陽有點氣餒，他左思右想，覺得是自己的定位太高，便降低要求，改為應徵基層職位的職員。

這一次，他倒是如願以償，有幾家公司願意聘請他，不過職位和薪水都很低，讓他有種壯志難酬的感覺。

某天晚上，胡立陽數了數口袋裡的錢，發現僅剩二十七美元了，他嘆了口氣：現實真殘酷啊！可是他還是不甘心，便索性將心一橫，來到華爾街應徵。

他覺得就算自己在華爾街做一個基層的員工，好歹在美國的財富中心上班，以後一定會有很多升職機會的。

他又嘗試了幾週的時間，終於接到了美林證券的聘請通知書，擔任一個小小的出納員。

雖然職位不符合他的預期，但胡立陽還是很高興，他相信自己一定能在這個華爾街最大的公司闖出一片天。

在電梯裡「教導」公司老總

美林公司很大，旗下有七萬多名員工，胡立陽在裡面只是一名不起眼的職員，他工作了一年，也沒有看到任何機會。

可是胡立陽依舊有信心，同時他非常清楚：如果按照一般人的思路等著升遷，不知要等到何時，只有用非正常思維去製造機會，才能有出頭之日。

一年後，機會來了，公司新來了一位老總，其神情嚴肅，而且出行陣容十分驚人，時刻有兩名戴墨鏡的保鏢保護著他。

那些下屬一見老總這番模樣，都嚇得不敢靠近他，甚至都不敢跟他搭乘同一班電梯。

胡立陽卻反其道而行，他知道老總是新人，肯定特別希望能融入團隊中，只要他去接近老總，對方一定會表示歡迎。

於是，在一個上午，他看準機會，當老總進電梯後，他也飛奔到電梯前，然後落落大方地向老總擠出一個笑容，接著就站到了老總身邊。

胡立陽想自薦總經理的職位，但第一步得讓老總認識他啊！

他便開始掏名片，這一舉動引起了保鏢的注意，保鏢厲聲道：「你要做什麼！」

胡立陽被嚇了一跳，急忙解釋道：「董事長，這是我的名片，請問您尊姓大名。」

誰知，他將名片遞出去之後，老總的目光卻一直盯在《華爾街日報》上，對他不理不睬。

胡立陽算了一下，從一樓到頂樓，總共只有二十九秒鐘，可是他現在已經浪費了九秒，剩餘時間再不抓緊，大好機會可真要錯過了。

胡立陽沒有洩氣，他收起名片，竟然教育起老總：「董事長，我來這裡已經一年了，我知道你是新人，你會在這裡學到很多東西，以後有什麼問題你可以來找我幫忙。」

在最後的五秒鐘裡，老總終於開腔：「既然你認為我是新來的，將來我一定會來找你。」

他收走了胡立陽的名片，走出電梯。

摔碎盤子來證明自己的存在

自從名片被老總拿走後，胡立陽天天都穿得西裝革履，等待著被老總傳喚。

可是他等了好多天，老總那邊卻一點消息也沒有，這時胡立陽才明白，原來出人頭地並沒有那麼簡單。

到了第五個月，就在他快要忘記這件事的時候，部門經理忽然面帶羨慕地告訴他：「老總請你吃飯，而且還有很多上市公司的董事長到場，你是怎麼認識老總的？我到現在都沒跟老總當面交談過呢！」

胡立陽的內心雀躍不已，他明白那頓飯將改變自己的一生，回家後趕緊將自己好好打理一番，第二天打起十二萬分的精神，去吃那頓意義非凡的晚餐。

在餐桌上就坐的全是頭髮花白的董事長，唯獨胡立陽一個年輕小夥子，由於除了老總，沒有人認識胡立陽，所以胡立陽就被冷落在一旁，無人搭理。

為了吸引大家的注意，胡立陽急中生智，摔碎了一個盤子，成功讓大家的目光聚焦到他身上來。

老總哈哈大笑，知道胡立陽的心思，於是開始幫他尋找話題。

那一晚，胡立陽豐富的百科知識幫了他很大的忙，他總是能說出其他人所不知道的事情，讓那些董事長讚嘆不已，雖然他的身分與那些大資本家差得很遠，卻沒有人在意這一點，因為胡立陽是那麼大方，而且那麼地自信。

老總看出胡立陽很有能力，就開始重用他。

胡立陽由此在美林公司一路攀升，三十三歲時已是公司的副總裁，這都得多虧他當初的毛遂自薦。

後來胡立陽回到臺灣，為亞洲人提供股市的各種資訊和方法，成為最受華人歡迎的投資理財專家，他還進行了無數次的演講，讓聽眾們受益匪淺。

在演講中，胡立陽時常會提到自己當初被美林老總提拔的過程，他深有感觸地告訴大家：唯有思維異於常人，才能脫穎而出，為自己謀求到絕佳的機會。

胡立陽語錄——八個「不要」

1不要聽「親朋好友」的話，他們只會讓你成為「平凡人」。

2不要只會「用功讀書」，重要的是「要讀對書」。

3不要只是「努力工作」，重要的是「做對工作」。

4不要只是結交「志趣相投」的朋友，否則你永遠只看到「一半」的世界。

5不要只是「安分守己」等待升遷，要像下跳棋一樣想辦法「一步登天」。

6不要只是「準備好了等機會」，主動「製造機會」才能捷足先登。

7不要以為「錢不會從天上掉下來」，只是你必須「站在對的地方」接。

8不要只會「正面思考」，要「逆向思考」，「不正常」的人才能出人頭地。

解析：與眾不同才能成功。

21

從五十元到億元富翁的景泰藍大王

不只有運氣的陳玉書

陳玉書檔案

國籍：中國。

籍貫：福建省莆田市。

出生年代：一九四一年。

學歷：首都師範大學歷史系。

職業：香港繁榮集團董事長、全國政協委員、北京市政協常委、中國書畫藝術家協會主席、中華慈善總會副會長、中國殘疾人福利基金會業務顧問、前香港保良局主席、香港作家協會名譽會長、北京國際關係學院教授。

頭銜：世界景泰藍大王、香港太平紳士。

都說商場如戰場，商人自然也擁有了殺伐決斷的將士氣概，但也有些商人帶著書香氣息，比如以景泰藍生意發跡的香港富豪陳玉書。

當然，很多人對陳玉書的瞭解來自於香港女星張柏芝，因為陳玉書就是張柏芝的義父，並一直對張柏芝照顧有加。

別看如今的陳玉書是蔭蔽後人的大樹，在早年時，他也只是根小草，也需要他人的扶持，而他懂得抓住每一個結識貴人的機會，才能獲得今日如此巨大的成就。人生需要運氣，而陳玉書的運氣則靠他自己爭取。

初來香港，薪水只有四百港元

陳玉書出生於印尼，但是對於中國，他一直有著深厚的感情。

十九歲那年，對祖國嚮往已久的陳玉書告別親人，來到中國求學，並順利考入北京師範學院（即如今的首都師範大學）。

因為對歷史感興趣，所以他學的是歷史系，因而陳玉書的身上總是散發著一股濃郁的文化氣息，他的所學也為日後的生意打下了伏筆。

畢業後，陳玉書在北京西頤中學教書長達七年，正當他以為自己一輩子就要以三尺講壇維生時，歷史的洪流突然讓他的人生發生了重大轉折。

文革時期，陳玉書因為有海外關係，成了被迫害的對象，為了避難，他帶著妻子含淚前往香港。在踏上香港的那一刻，陳玉書其實心裡是沒底的，他手裡只有五十港元，如果不盡快找到工作的話，撐不了多久。

可是他找了一段時間的工作，卻始終一無所獲，為了一家老小，他不得不放下面子，去做最底層的工作，卻因為薪水太低，一家人始終在貧困中掙扎。

最後，他還是失業了，而且一連幾個月都找不到工作，這下他可急壞了。

看著臉頰一天天凹陷下去的妻兒，陳玉書的心裡如同刀絞，他下定決心，一定要在月底找到一份工作，不管薪水多少，他都要開工！

好在月底之前，他的心願終於實現了，是一份倉庫管理員的工作，可是薪水只有四百港元，外加一百二十元的補貼，對陳玉書來說，雖然少，卻好歹比坐吃山空強。

公園裡偶然結交高官夫人

生活的壓力逼得陳玉書愁眉不展，他不工作時，有時會在家附近的公園裡坐著發呆，抬頭看著蔚藍而空洞的天空，心想：這樣的日子，什麼時候才能結束啊！

某天，他又來到公園，發現一位瘦弱而美麗的女士正在和她兒子玩鞦韆，那小男孩不斷地催促他母親：「高點，再高點！」

那位女士晃得滿頭大汗，還不時用手扶著腰，看起來精疲力竭，可是她的兒子卻精力十足，顯然還沒有玩夠，這可把女士給累壞了。

陳玉書趕緊走上前，幫助女士晃鞦韆。

女士非常感激陳玉書，就和他攀談起來。

這一交談可不得了，陳玉書才知道站在自己眼前的是印尼駐香港領事館一位高官的太太，他留了個心眼，向這位女士要了電話號碼，對方和陳玉書很聊得來，便愉快地答應了。

事有湊巧，不久後陳玉書又結識了一位來自印尼的華僑朋友，在一次聊天中，那朋友惆悵地說自己手裡有一大批貨物急著發往印尼，可是辦理簽證的時候遇到了麻煩，眼前正在發愁，不知該如何是好。

陳玉書立刻想到了公園裡認識的高官太太，他覺得朋友有難就該幫忙，於是便安慰那朋友，讓對方等他的好消息。

接下來的日子裡，陳玉書給高官太太打去電話，向對方求助。令他驚奇的是，那位太太竟然是個古道熱腸的人，她不僅勸說丈夫幫助陳玉書的華僑朋友辦好了簽證，還讓那位華僑在稅率上享受到了一筆數目可觀的優惠待遇。

華僑朋友欣喜若狂，以為陳玉書在拉關係時花了不少錢，就問他：「你花了多少，我還給你。」陳玉書並不知到底得花多少錢才能辦妥這件事，就含糊地說花了不少，結果朋友就給了他五萬美元。

在拿到錢的一剎那，陳玉書的心差點沒跳出來，五萬美元啊！這對他一個拿著四百港幣薪水的打工仔來說，是天文數字啊！

有了這筆錢，陳玉書可以嘗試著去做點大事，才有了他日後的輝煌。

所以說，不要小看人脈，也不要放過任何一個累積人脈的機會，有時候你並不知道眼前的人是否就是你的貴人，而一次小小的偶然相遇說不定就是日後發展的重要契機。

奇蹟！滯銷品掀起收藏熱潮

一開始，陳玉書陸續賣過一些商品，由於行道尚淺，他還被人騙過一次，差點把本錢全部賠進去。

這時有個朋友對他說：「你不是學歷史的嗎？北京現在流行景泰藍，你乾脆做景泰藍生意吧！」這一席話勾起了陳玉書對北京的回憶。

年輕時他在北京待了十幾年，京派文化早已深入他的骨髓，直到今天，他還留著北京「爺兒們」愛留的寸頭，說話時一口純正的京腔，那是銘刻於心的記憶，一輩子都抹不去的。

於是陳玉書回到了北京，見到了往日熟悉的一切，他不禁心潮澎湃。

可是待心情平復後，他卻發現了一個令自己沮喪的事情：北京的景泰藍雖多，但當時整個世界的景泰藍生意都不景氣，導致大量景泰藍積壓在倉庫裡，很難賣出去。

儘管對前景不樂觀，陳玉書還是進了三十萬的貨，並經過多方努力，把手頭的景泰藍銷售了出去。

照理說，生意不好做就該收手，沒想到陳玉書這時做了一個驚人的決定，他努力申請到貸款，把北京公司的景泰藍存貨全部買下，然後帶到世界各地去辦展覽會，向外國人介紹中國的優秀文化。

他的大膽舉動竟為他帶來了意想不到的成功，整個世界都掀起了一股「景泰藍熱」，大家爭著品鑑景泰藍，這種藝術品的價格因而一路飆升，讓陳玉書備受鼓舞。

他馬上又投資一千萬元去改進舊工藝，還與老藝人一起研發新品種，發明了「中華脫胎景泰藍」技術。當全新工藝的景泰藍上市後，立刻又在國內外市場製造出轟動效應，將陳玉書的景泰藍生意推至巔峰。

回顧陳玉書的創業之路，前期充滿了艱辛和曲折，可是交友甚廣的陳玉書卻能受良友助益而改變自己的人生，實在是他的幸運。

然而，他的運氣歸根到底還是他自己求來的，好運不會從天而降，倒不妨向陳玉書學習，自發開拓和尋找吧！

陳玉書語錄——關於被騙

「我覺得做生意免不了會受騙，那麼我們受騙以後怎麼辦？允許我們心血來潮、一時疏忽被騙，但不能因為被騙後連我們的智慧都沒有了，應當用智慧再把錢賺回來。」

解析：沒有一帆風順的事業，從哪裡跌倒，就從哪裡爬起，受騙可以增加創業者的智慧，還能激發創業者的鬥志，使其保持高度的靈敏性，所以請允許自己犯一點錯誤吧！

飽受歧視的猶太青年

低調寡頭弗里德曼

米哈伊爾．弗里德曼（Mikhail Fridman）檔案
國籍：俄羅斯。
祖籍：烏克蘭利沃夫。
出生年代：一九六五年。
職業：阿爾法集團總裁。
身價：一百四十八億美元（截止至二〇一五年）。
頭銜：俄羅斯第三大富豪、二〇一五年《富比士》全球富豪榜第六十八位。

在俄羅斯總統普京上臺初期，俄國有很多金融寡頭，他們控制著國家的絕大多數資源，因此成了普京的重點整治對象。

只有為數不多的寡頭沒有受到懲罰，能源公司阿爾法集團的總裁弗里德曼就是其中之一，這位擁有猶太血統的富豪非常聰明，他從不碰政治，也許是童年時代的痛苦經歷讓他明白，想要保全自身，唯有低調從事。這也是他如今能在俄國商圈立於不敗之地，並成為世界級富豪的重要原因。

曾在學校被其他孩子追著打

弗里德曼出生在一個猶太家庭，都說猶太人會賺錢，可是他的父親並沒有為家庭帶來多少財富，所以弗里德曼小時候一直過得很窮。

除了貧困，他還要面臨其他孩子對他的侮辱和嘲笑。

每當他去上學，總有些同學會來欺負他，而且用充滿敵意的言詞去攻擊他，這讓弗里德曼非常難受。

有一次，他實在受不了那些惡意的嘲笑，終於反抗道：「我是猶太人，猶太人又怎麼了？愛因斯坦、佛洛伊德不都是猶太人嗎？」

這一下那些嘲笑弗里德曼的孩子覺得面子掛不住，就七嘴八舌地大罵弗里德曼，最後他們仍覺不解氣，竟開始動手推弗里德曼。

弗里德曼雙拳難敵四腿，只得拼命逃竄，哪知那些孩子追著不放，還把他的書包搶走了，將裡面的書本扔了一地。

弗里德曼不敢回頭撿，只能飛快地逃回了家，他父親見他沒有帶書包回來，還以為兒子貪玩不愛讀書，又把弗里德曼打了一頓。

直到弗里德曼上了大學，同學們對他的歧視才逐漸消失，但他在入學前再度遭受了一次重大打擊：莫斯科物理工程學院拒絕讓他入學，因為猶太學生的名額已經滿了。

好在弗里德曼沒有消沉，他再三努力，終於成了大學生。

因為家裡還是很窮，為了湊足學費，他不得不在大學期間找了一份擦窗戶的兼職，好減輕父母的負擔。就這樣半工半讀了四年，一九八八年，他懷著對未來一份堅定的信心畢業了。

跟著政客走有肉吃

雖然還是個二十出頭的年輕人，弗里德曼卻已經動起了創業的念頭，他和幾個同學一起創辦了阿爾法集團。

當時的阿爾法賣的是食油、白糖和鋼鐵，弗里德曼用食油與古巴換白糖，從而大賺了一筆。

也許有人不明白賣糖為何能讓弗里德曼發財，其實道理很簡單，在二十世紀九〇年代初，蘇聯解體，新的俄羅斯政權動盪起伏，國內各種資源十分短缺，弗里德曼能夠發掘能源這個商機，正展現了他的冒險精神與決策能力。

至於「阿爾法」為何發展得如此順利，都要歸功於一九九一年弗里德曼對競選總統的葉利欽的支持。

弗里德曼是不碰政治，但他可以尋求政客的保護與幫助，他結識了俄羅斯前外經貿部部長和前國家計委副主任，他們均在阿爾法公司就職，這就使得公司的各種營業項目都進行得非常順利。

到一九九六年時，弗里德曼和其他六位寡頭一起資助葉利欽競選總統，結果葉利欽在成功當上總統之後，給予了寡頭們豐厚的回報，像是弗里德曼可以以低價收購很多國有資產，包括秋明石油公司（TNK），該公司盈利頗豐，也是弗里德曼事業發展的重要轉捩點。

乖乖聽話才能繼續生存

和童年時代不一樣的是，弗里德曼已經不再頂嘴，他明白了一個道理：只要你對別人微笑，別人至少會給你一些面子，這對大家來說都有好處。

當普京上臺後，弗里德曼的實力還未像其他寡頭一樣真正壯大，再加上他以前的部下有很多在克里姆林宮就職，所以普京並未拿他開刀。

不過，真正讓弗里德曼逃過一劫的，應該是他的低調個性，因為他對俄羅斯的政局沒有造成影響，所以普京才不會怪罪於他。

二〇〇三年，弗里德曼將自己的 TNK 的一半股權賣給了英國石油公司（BP），有意思的是，BP 曾經是 TNK 的死對頭，看來談判桌上永遠沒有真正的敵人。

弗里德曼如此大手筆地將自己的石油資產賣給外國公司，是因為俄羅斯政府已經開始在保護國內自然資源，而諸如尤科斯的老闆霍多爾科夫斯基等寡頭也被普京關進了監獄，所以弗里德曼的做法幫助自己逃脫了一場政治上的風波。

如今，弗里德曼已經搖身一變，成為一個跨國集團的優秀企業家，並且受到了普京的稱讚，不得不讓人佩服他的聰明才智和靈活的反應。

弗里德曼的發跡是建立在俄羅斯的特殊國情之上，這並無不可，反倒說明他對環境具有極佳的適應能力。

每一個人都可以成功，但成功的方式有千千萬萬種，知道該如何把握住良機並守住勝利果實，方不失為聰明人。

米哈伊爾．弗里德曼語錄——關於做生意的方式

「這裡（俄羅斯）做生意的規矩與西方標準大不相同，我並不想撒謊，如果說一個人聖潔無瑕那是不現實的。」

解析：是盈利還是放棄，這是個問題，若我們無法改變社會，就只能順應它，成為與社會相匹配的一份子。

23 從小漁村出來的學徒

Zara帝國CEO奧爾特加

阿曼西奧．奧爾特加（Amancio Ortega）檔案
綽號：快時尚締造者。
國籍：西班牙。
籍貫：加利西亞地區。
出生年代：一九三六年。
職業：印第迪克（Zara品牌母公司）總裁。
身價：六百四十五億美元（截止至二〇一五年）。
頭銜：世界最大成衣品牌ZARA創始人、二〇一五年《富比士》全球富豪榜第四名。

不論是北京、上海、香港，或者臺灣，在這些地區熱門商圈總會出現ZARA的大型招牌，而且這家以平價奢侈品著稱的品牌店，往往與昂貴的國際奢侈大牌比鄰，足以顯示其傲人的底氣。

二〇一五年，ZARA創始人奧爾特加在《富比士》全球富豪榜上排名世界第四，再次向世界宣告這個從小漁村裡走出來的窮小子的地位不可動搖。

他發誓絕不讓母親再受氣

在西班牙，很多富豪的背後都有一個龐大的家族企業，可是奧爾特加卻非常特殊，他從小什麼都沒有，只有貧困與他和家人為伴。

他出生於西班牙最窮困的地區，當地曾雲集著大批走私販和海盜，但凡稍微富裕一點的居民都搬了出去，因此被稱為「世界盡頭」。

不過，這個地方也出了很多手藝一流的裁縫師，所以居民們除了捕魚，便是以縫紉維生，奧爾特加從小耳濡目染，對製衣行業有一定的瞭解，從而影響了他的一生。

奧爾特加的父親是一名鐵路維修工，母親則在家操持家務，一家五口人每個月僅靠父親的微薄薪水過日子，所以生活得頗為艱難。

在奧爾特加十二歲那年，有一天下午，他母親接他放學，母子倆說說笑笑地回家途中，路過一家食品店時，母親看到了花花綠綠的糖果，她想到兒子已經很久沒有吃到零食，就對奧爾特加說：

「你在這裡等我一下，媽媽去給你買些糖回來。」

奧爾特加非常開心，他點點頭，看著母親走向食品店的櫃檯。

很快，嘴饞的他按捺不住性子，也跑到店裡。

櫃檯太高了，他看不見店主的臉，但能清楚地聽見對方在嚴厲地說：「很抱歉，太太，我不能再給妳賒帳了！」

一瞬間，奧爾特加的臉蛋紅得像傍晚的夕陽，他非常羞愧，認為母親當時的難堪是因為自己的關係，從那一刻開始，他暗自發誓以後一定要賺很多錢，不能再讓母親被人瞧不起。

第二年，他就不再上學，轉而去一家高級服裝店當學徒，這家店的主顧都是些有錢人，奧爾特加沒有經驗，就只能做送衣服跑腿之類的工作。

他非常勤奮，利用一切空閒時間向裁縫師學習，很快，他就當上了店內裁縫師的助手，並嘗試著自己去設計衣服。

高貴的白天鵝窮小子攀不起

奧爾特加非常善於觀察和思考，他發現一件衣服的成本其實沒有多少，但經過設計、加工和零售這幾道程序後，價格會被提高很多。

如果我能跳過中間商，一個人控制這幾個過程，成本豈不是會降低？那麼衣服的價格會下降，我付出的本錢也會降低，豈不是一舉兩得嗎？奧爾特加興奮地想。

他覺得自己的想法是正確的，於是經常在酒吧裡興致勃勃地跟朋友講述生意經，當時的他似乎以為財富唾手可得，只要他想到了，就能馬上成功！

可是現實卻給了他一記無情的打擊。

他戀愛了，在一家名為 La Maja 的高級服裝店裡，他跟一位客戶的女兒一見鍾情，兩個人不顧身分和地位，愛得如膠似漆。

那位客戶後來得知了女兒的戀情，還以為奧爾特加是店老闆的兒子，她很高興，因為她見過奧爾特加，覺得還不錯，而且更重要的是，她誤以為奧爾特加是個有錢人。

有一天，那客戶專程來到店裡想與奧爾特加會面，但當時奧爾特加正好外出了，於是客戶問老闆：「你兒子呢？出來讓我見見。」

老闆一頭霧水，說：「我兒子一直在國外啊！」

客戶失望地發現奧爾特加原來只是一個普通店員，她勃然大怒，責怪女兒降低了身分，並責令女兒不准再跟奧爾特加來往。

一段良緣就這樣因為金錢的緣故而煙消雲散，奧爾特加因此難過了好一陣子，他不甘心，難道只要有錢就能高人一等嗎？

後來他想，他也可以有錢，只要他努力工作，必然能夠累積下一定的財富，也一定能夠爬出社會的底層，於是他加倍努力地工作，希望能用實力來證明自己。

他的努力在一段時間後有了回報，店老闆提拔他當部門經理，這時奧爾特加也找到了他生命中的第二段緣分——那位被他擠下部門經理位置的姑娘羅莎莉亞·梅拉·格耶奈切亞，兩人在相處了幾年後，幸福完婚。

一件睡袍締造一個服裝帝國

二十世紀六〇年代，奧爾特加的老闆讓他銷售一款樣式精美的女士夾棉睡袍。奧爾特加很快留意到顧客的心理，那些女性消費者顯然很喜歡這款睡袍，可是她們又嫌睡袍的價格太貴了。

頓時，奧爾特加又想起了他那個節省成本的點子，他決定付諸行動。他買來一些巴賽隆納出產的廉價布料，然後在簡陋的紙板模型上剪出形狀，並進行縫製，最後生產出類似的睡袍，做工很不錯，而且價格低了一半。

自製睡袍的銷售成果令奧爾特加十分滿意，也促使他決定自主創業，真正去開拓自己的事業。

二十七歲那年，他創建了自己的服裝廠，專門生產物美價廉的睡袍，結果業績驚人，在此後十年的時間裡，奧爾特加的員工從三、四個人擴充到了五百多人，他自己也成了一個小有名氣的企業家。

奧爾特加卻還是不滿足，他雖然能夠生產服裝，卻缺少一個零售管道，就在他尋思著該如何銷售自己的產品時，歐洲爆發了一場巨大的石油危機，很多企業因此破產，這股可怕的經濟風潮導致一個德國客戶取消了與奧爾特加合作的一大筆訂單。

奧爾特加差點沒暈過去，這下子他也面臨著破產的危機。

為了自救，他給自己的商品取名為「ZARA」，並在家鄉開了全球第一家 ZARA 店，做起了服裝銷售的買賣。

他將 ZARA 定義為平民時尚品牌，由於價格公道，且設計感十足，他的服裝很快就博得了歐洲時髦青年的熱愛。

奧爾特加趁熱打鐵，從全球聘請兩百六十位設計師為 ZARA 尋求靈感，這些設計師會經常穿梭於各大時裝發佈會等時尚場所，用敏銳的時尚嗅覺設計出顧客最喜歡的樣式，並且費時相當短暫。

ZARA 曾在一年內推出了一萬一千款成衣，是走相同路線的瑞典的 H&M 和美國的 GAP 的兩倍多，憑藉數量優勢，ZARA 如今一躍成為世界首位成衣零售商，銷售戰績連國際服裝知名品牌都自愧不如。

當奧爾特加在小漁村裡暗下決心要賺大錢時，他或許就想到了自己會有那麼一天，他能站在財富帝國的頂端笑傲群雄。但在底層掙扎的艱辛他比誰都清楚，不過他還是要感謝早年的遭遇，否則他又怎會生出無限動力，奮鬥到如今的傲人地位呢？

阿曼西奧．奧爾特加語錄——關於名譽

「人生只有三件事需要出現在報紙上：出生、結婚與死亡。」

解析：奧爾特加非常低調，他幾乎不接受媒體採訪，最喜歡做的事就是在公司和工廠辦公視察，與年輕的設計師聊天，相較名譽，他更渴望尋求生命的意義，為此他還四度頭頂四十度的高溫，走過朝聖的「聖雅各之路」，其超然於世的態度非常值得人們學習。

24

改變世界的賈伯斯

──出生就遭遺棄的科技巨人

史蒂夫·賈伯斯（Steven Paul Jobs）檔案
綽號：蘋果教父。
國籍：美國。
籍貫：加利福尼亞州舊金山。
出生年代：一九五五年。
職業：蘋果公司前任CEO、Pixar動畫公司前任董事長及CEO。
家族身價：一百九十五億美元（截止至二〇一五年）。
頭銜：二〇一二年美國最具影響力二十人、二〇〇九年時代週刊年度風雲人物之一。

在這個世界上，男人愛電子，女人愛服裝，但有一件東西是全人類共同喜歡的，那就是蘋果手機。

賈伯斯說：「我們活著就是為了改變世界。」他所發明的一系列產品確實改變了世界，但更多的是改變了人們的消費觀念，很多人寧願一晚不睡，也要排隊去買第二天新上市的蘋果手機。

可是大家大概還不知道，賈伯斯一出生就遭到了遺棄，若不是被一對好心的工人夫婦收養，他差點就丟了性命。

好在賈伯斯聰明蓋世，憑藉一顆優秀的頭腦創辦了蘋果公司，從而讓自己成為世界級的名人。不過，即便智慧如賈伯斯，在創業過程中也會遇到令他頭痛的問題，他該怎麼解決危機呢？

「蘋果」原來誕生在車庫裡

賈伯斯的生父是一名政治學教授，原籍敘利亞，母親則是一名語言病理學家，照理說夫妻二人很般配，是完美的結合，賈伯斯不應遭遇被遺棄的命運。

誰知他的外公大發脾氣，不准女兒與敘利亞人結婚。於是，賈伯斯的母親獨自前往舊金山，因為她發現自己懷孕了。

在冰冷的城市裡，她生下了賈伯斯，因無力供養兒子，而將賈伯斯扔在了大街上。

天祐英才，一對在精密儀器廠工作的工人夫婦收留了賈伯斯，兩口子對這個從天而降的兒子愛護有加，雖然不能給賈伯斯優越的物質生活，但會盡量維持小賈伯斯健康地長大。

這對夫妻的家靠近美國「矽谷」，而鄰居又恰好在惠普公司任職，賈伯斯從小就跟著鄰居學習電子技術，漸漸地變成了一個電腦天才。

由於家裡實在太窮，十九歲那年，在大學裡讀了一年書的賈伯斯不得不輟學就業，到雅達利電視遊戲機公司上班。

賈伯斯一直想自己發明東西，他與國中時結識的好友史蒂夫・沃茲尼克一起商量要造一臺小巧方便的電腦，因為當時市面上的電腦都太龐大了。

兩人都是行動派，立即開始研發，他們買回了六五〇二晶片，賈伯斯賣掉了自己的小汽車，而沃茲尼克則賣掉了他的惠普電腦，兩人湊了一千三百美元，終於在賈伯斯家的車庫裡裝好了全世界第一臺小型電腦。

一九七六年，賈伯斯和他的夥伴們又在車庫裡成立了蘋果公司，正式販賣他們的「蘋果一號」電腦。

慘被時代拖累的創新

蘋果公司在成立後的第一筆生意是由零售商保羅・特雷爾帶來的，那一次賈伯斯賣掉了五十臺電腦。

隨後，擅長推銷的電氣工程師馬爾庫拉又來到蘋果的車庫工廠，他貸了六十九萬美元給賈伯斯他們，使得蘋果的發展進程大大提高。

僅用四年的時間，蘋果公司就完成了上市的目標，而且上市當天就在公司內部產生了四名億萬富翁和四十多名百萬富翁，其中賈伯斯是受益最大者。

好運似乎來得太快了點，俗話說月盈則虧，蘋果公司接下來遭遇到了迄今為止最大的困境。

一九八三年，蘋果發佈了 Lisa 資料庫和 Apple lie，但因售價昂貴（Lisa 竟高達九千九百九十八美元），不僅銷量不好，還浪費了公司大量的研發費用。

隨後，不斷有諸如 IBM、英特爾等強大的競爭對手與蘋果抗衡，賈伯斯感到巨大的壓力，他認為想要贏得市場，就必須研發出其他公司所沒有的新產品，於是他加緊創新，生產出一系列在當時看來非常前衛的電子設備。

比如他發明了一種可聽音樂的耳機，看起來像如今 iPod 的前身；他還發明了一種能通話的手錶，結果在二〇一五年成為了 iwatch；他甚至發明了平板電腦，可惜的是，當時的技術無法支援觸控式螢幕功能，只能用按鍵來操作。

在二十世紀八〇年代，賈伯斯的這些創新確實很厲害，但因為技術條件跟不上，導致他的新產品像一個個空談的理想一樣，雖然震撼人心，卻無法使用。

很快地，公司的董事會覺得賈伯斯在浪費經費，便要他交出董事會的大權。

賈伯斯當然不肯照辦，但他又無力抗爭，只好去拉攏董事會的新成員、百事可樂公司前任副總裁約翰．史考利。

關於賈伯斯和史考利，還有一個有趣的故事。

史考利在一九七五年就領導百事可樂與可口可樂競爭，透過一系列線下活動，逐漸縮小了兩種可樂之間的銷售差距。

賈伯斯在看了史考利舉辦的雙盲測試（往兩個沒有任何標籤的水杯裡分別倒入百事可樂和可口可樂，讓顧客體驗哪個口感更佳）後，馬上致電史考利：「你是想要賣一輩子糖水，還是來這裡（蘋果公司）一起改變世界。」

史考利同意加盟蘋果，所以說，他能進入蘋果公司，完全是仰賴了賈伯斯的提攜。

可是令賈伯斯惱怒的是，史考利由於沒有實權，只能選擇站在董事會這邊，這意味著賈伯斯徹底孤立無援了。

一九八五年九月十七日，經過多次爭權未成功的賈伯斯怒而辭職，離開了蘋果公司。

世界上差點就少了一個傳奇

賈伯斯走後，史考利接替了 CEO 的職位。

可惜的是，史考利在傳統行業裡的經驗無法與 IT 業相匹配，他最擅長的是日用品的零售業，為了幫蘋果公司增長營業額，他也進行了大刀闊斧的改革，然而改進的不是電子技術，而是進行了與蘋果公司不相干的品牌創新。

在二十世紀八〇年代後期，蘋果公司生產了一系列服裝、首飾、家居、玩具等用品，簡直讓人眼花撩亂，以為蘋果改行了呢！

這時，賈伯斯在做什麼呢？

他從喬治·盧卡斯手中買下了一個電腦動畫效果工作室，然後成立了皮克斯動畫工作室。沒錯，這就是後來被迪士尼收購，並製作出《玩具總動員》等知名動畫的工作室，賈伯斯因此成為迪士尼的最大個人股東。

一九九三年，蘋果公司炒了史考利的魷魚，三年後，公司實在撐不下去了，董事會的股東們見賈伯斯創辦了 NeXT 公司，還發展得非常順利，覺得還是得讓賈伯斯來救蘋果，就厚著臉皮買下了 NeXT，算是又把賈伯斯給請了回來。

重掌蘋果大權的賈伯斯馬上進行整治，他停止了不合理的研發和生產，又結束了微軟與蘋果的專利之爭，同時開始研發新系統，這就是如今人們所熟知的 iMac 和 iOS X 作業系統。

有了賈伯斯的幫忙，蘋果煥發了第二春，到如今，它的品牌形象已經深入人心，人們對它的熱愛超過了世界上的任何一種電子產品。

這都是賈伯斯的功勞，他用自己的一生來告訴大家，只要有一顆聰明的頭腦，和一份甘於奮鬥的精神，真的沒什麼不可以。

他雖已逝世，人們卻依舊對蘋果產品趨之若鶩，便是對他最好的懷念。

史蒂夫．賈伯斯語錄——創新的重要性

1「領袖和跟風者的區別就在於創新。」

2「你的時間有限，所以不要為別人而活。不要被教條所限，不要活在別人的觀念裡。不要讓別人的意見左右自己內心的聲音。最重要的是，勇敢去追隨自己的心靈和直覺，只有自己的心靈和直覺才知道你自己的真實想法，其他一切都是次要。」

解析：創新是靈魂。

曾用一家公司換來一臺破電腦

雷軍的科技經

雷軍檔案

國籍：中國。

籍貫：湖北省仙桃市。

出生年代：一九六九年。

職業：金山軟體公司董事長、小米科技董事長兼CEO、歡聚時代董事長、順為基金董事長。

身價：一百三十二億美元（截止至二〇一五年）。

頭銜：二〇一五年《富比士》全球富豪榜第八十七名。

雷軍是誰？

同行的人知道他，不同行的人只要聽說小米手機、金山軟體，也就能知曉他的身分了。

做為以手機硬體創業成功的雷軍，在事業上早早就達到了令別人仰望的高度，他最初是董事長，後來又當天使投資人，似乎在職場有著天生的好運。

然而，雷軍的心底卻一直有個夢想，那就是自己創業，賺上個百億美元，一雪當年首次創業失敗時的恥辱，而正是那次失利，讓他對創業心生畏懼，遲遲無法下定自己開公司的決心。

首次創業只換來一臺舊電腦

雷軍的學業成績很好，他在就讀武漢大學電腦系的時候選修了不少高年級的課程，因為武大要求只要修滿一定的學分即可畢業，於是雷軍僅用了兩年的時間，就從大學裡畢業了。

接下來的兩年裡，當別的學生還在學校裡攻讀課程時，雷軍已經開始編程、設計電路了，憑藉自身的技術，他很快在武漢電子一條街聲名鵲起，還結識了不少電腦公司的老闆，彼此間都相處得非常好。

有人脈有技術，為何不開一家公司呢？

雷軍與自己的兩個同學抱著一腔熱情，創辦了一家名為「三色」的公司，主要生產一種仿製金山中文卡。

年輕人總是一個勁地往前衝，殊不知背後的危險。

就在雷軍他們滿懷希望，想再多生產一些產品時，市面上突然出現了一批同類的產品，而且價格壓得很低，一下子就把雷軍的公司擊倒了。

原來，有一家公司發現三色公司的中文卡好賣，就盜版了這個產品，他們的做法給了雷軍致命的打擊，三色公司僅成立半年就決定解散。

當幾個年輕的創業者在清點公司財務時，雷軍分到了一臺二八六電腦，剩下的資產僅為一臺三八六電腦和一部印表機，這便是雷軍初次下海的最終收益。

上市後卻陷入深深的苦悶中

一九九二年，雷軍來到金山，奮鬥了八年時間，當上了金山軟體股份有限公司的總裁。

接下來，雷軍的任務就是要讓金山上市。然而這時，他也開始陷入了挫敗感之中。

金山是一家高科技術產業的公司，但公司為盈利，一直沒有自己的技術追求，而是走上了一條靠其他知名品牌的路，即為其他大牌的 IT 公司進行技術支援。

每個人都有自己的追求，雷軍認為一直跟在別人身後打轉是沒有出路的，因為技術行業更新換代特別快，公司若沒有自己的定位，就容易產生業務上的混亂，不停有新產品被研發出來，然後又被不停地放棄，讓員工們都覺得自己只是個高科技的技工。

二〇〇七年，金山在香港上市，本來這是一件好事，孰料對雷軍的打擊更大了。

他發現自己投注了十五年心血一手培養出來的公司，上市後市值不過是六億多港幣，而在兩年前，百度在美國納斯達克上市時市值可是三十九億五千八百美元啊！

雷軍很鬱悶，儘管在外人眼裡他是成功的，但只有瞭解他的人才能明白他的煩惱，正所謂一山還有一山高，成功是永遠都沒有盡頭的。

兩個月後，雷軍突然宣布從金山辭職，這個決定讓很多人大吃一驚。

二十年後再度勇敢創業

二〇〇九年十二月十六日，雷軍四十歲了。

在離職金山後，他投資了一些創新企業，像樂訊、凡客、UC瀏覽器等，還算獲得了不錯的成績。可是他並不滿足於投資所帶給自己的收穫，他再度興起了創業的念頭。

做什麼好呢？雷軍馬上想到了一個新玩意兒——智慧型手機！

他特別喜歡玩手機，在金山工作十六年，共用過五十三部手機，而在iPhone出現後，他立刻去研究蘋果手機的優缺點，並且得出一個結論：手機的利潤太大，不應該賣這麼貴，其實可以縮減成本，這樣才是網路手機。

他發現珠海有一家名叫魅族的公司所製造的手機非常好，就又去研究對方的產品，還跟魅族創始人進行了深入的交流。

當一切市場調查研究完畢後，雷軍終於再一次勇敢地邁出了創業的步伐。他創辦了小米公司，並邀請一些資深網路人士加盟，但是他對於手機的營運跟技術仍是一竅不通，好在他還有一份堅定的信心，他相信自己一定能開發出優秀的產品。

第一次研發產品，雷軍決定先做一款手機作業系統試試，這也說明他對自己仍是沒有底，所以非常看重用戶的反應資訊。

二〇一〇年，一款名為「MIUI」的系統在市面上發佈，沒想到迅速吸引了大批用戶，其中活躍用戶達到三十萬，而全世界共有二十四個國家使用該系統，刷機量達到一百萬。

雷軍鬆了一口氣，他知道經過長期的準備，小米手機的製造已經成熟，眼前就看成品發佈後的最終效果了。

二〇一一年八月十六日，雷軍在北京七九八發佈了第一代小米手機，這款當時號稱頂級配置的工程機一問世就受到了用戶的熱烈歡迎，當雷軍在講臺上發佈技術參數時，臺下的粉絲不時對他報以熱烈的歡呼聲。

那一瞬間，雷軍想到了賈伯斯，在他二十歲那年，他正是因為看了賈伯斯寫的《矽谷之火》而備受鼓舞，才走上了創業之路，如今他終於能像自己的偶像一樣組建科技公司，他不禁感到由衷的自豪。

科技在不斷進步，誰都不能止步不前，雷軍的創業夢仍在繼續，他不敢說自己已經成功，因為他對起伏不定的創業路仍有敬畏之心。

雷軍語錄——關於成功的定義

「什麼是成功？每個人眼裡的成功都不一樣。我認為，成功不是別人覺得你成功就是成功，成功是一種內心深處的自我感受。我不認為自己是成功者，也不認為自己是失敗者，我只是在追求內心的一些東西，在路上！」

解析：對成功最好的詮釋是永無止境。

同時打三份工的窮光蛋
張東文夫婦的時尚思維

張東文夫婦檔案
英文名：Jin Sook & Do Won Chang。
國籍：美國。
祖籍：韓國。
職業：Forever 21（永遠的二十一歲）董事長。
身價：五十九億美元（截止至二〇一五年）。
頭銜：二〇一五《富比士》全球富豪榜第兩百四十八名。

要問如今美國年輕人最受歡迎的大眾時尚品牌是什麼，那肯定非「Forever 21」、「Gap」莫屬，雖然這些品牌價格比知名奢侈品便宜，但銷量卻一直保持領先水準，所以它們才是服裝市場上的真正贏家。

二〇一五年，Forever 21 的掌門人——張東文夫婦再度入圍《富比士》全球富豪排行榜，他們的財富比去年增加了十四億美元。

對這對夫婦來說，如今身價的累積可以按億來計，可是在三十多年前，他們是想都不敢想，那時他們一天要打幾份零工，而薪水的爬升卻如同龜速，一度令他們痛苦絕望。

用羨慕的眼光看著別人的打工生

都說美國的月亮圓，於是有一些人就很想去美國見識一下，比如來自韓國的張東文夫婦。

一九八一年，張東文和妻子張金淑移民到美國加利福尼亞州，正式開始了異國的生活。

最初，夫婦倆非常興奮，以為從此就能過上富裕的生活了，可是緊接著，沉重的現實壓力讓他們愁眉不展。

房租、伙食費、水電、煤氣費等許多的開支，又添了個女兒，他們生活更窘迫了，不得不急於尋找工作來養家糊口。有一份工作顯然不夠，張東文為了多賺錢，竟然同時打了三份工：倉庫看門人、加油站員工和咖啡店夥計，一天到晚像陀螺一樣忙個不停，連什麼叫喘息都忘了。

張東文一直要忙到深夜，才能拖著疲憊的身軀回到家中，在穿過漆黑的街道時，他有時會抬頭望望天，看著那一彎皎潔的月亮，心中無奈地嘆息：國外的月亮也不見得能圓到哪裡去啊！

夫婦倆居住的地方位於洛杉磯的一條服裝街附近，張東文時常看到打扮時髦的商店老闆們開著名車往返於店鋪中，每當這時，他心裡總會泛起一股酸味，他無奈地想：我要到什麼時候才能跟他們一樣有錢啊！

在小店裡打出一片天下

與其羨慕別人，不如自己創業當老闆。

張東文夫婦逐漸發現移民來美國的韓國人和伊朗人越來越多，有時候整條服裝街幾乎都被說著外文的韓國老鄉們給佔滿了，張東文又仔細地觀察著路人的衣服，他發現韓國人的穿著打扮始終跟美國人保持著一定的差距。

「老婆，我們為什麼不開一家專門為韓裔服務的服裝店呢？」張東文對妻子張金淑說。

張金淑也非常贊同丈夫的想法，兩個人拿出幾年來打工賺得的所有積蓄，在高地公園鎮開設了一家服裝小店，取名為fashion 21，由於資金太少，店面僅有二十五平方公尺，但對夫婦倆來說，足夠他們大展拳腳了。夫妻二人將顧客定位為十六～二十五歲的青少年，考慮到這部分人群的經濟實力，他們進的貨總是廉價又好看，也許品質不怎麼樣，但是款式絕對養眼。

韓國僑胞很快發現了張東文夫婦的小店，他們蜂擁而至，將店面擠得水洩不通。

後來，夫婦倆逐漸發現店裡除了有韓國顧客，還夾雜了不少美國本土的青年，原來小店經營的服飾實在太好看，連本地人都愛不釋手，所以紛紛前來趕時髦。

這一切都歸功於張金淑的獨到眼光，她非常清楚青少年的喜好，並且總能追隨流行的腳步，將最時尚的因素在店內陳列出來。

年輕的顧客因為沒有多少錢，所以總在跟張東文夫婦討價還價，夫婦倆也不氣惱，笑瞇瞇地跟對方講價，最終依舊是盈利不少。

小店的生意越做越好，也能進一些品質較好、價錢稍高的貨了，結果在開店的第一年，張氏夫婦就創下了七十萬美元的營業額。

不讓一件衣服售價超過六十美元

雖然生意很好，而且自己又是賣衣服的，可是張東文夫婦不敢奢侈浪費，平日裡連貴一點的衣服都不買一件。原來，他們覺得 Fashion 21 還有很大的發展空間，還需要進一步擴大消費群體，於是在一九八九年，他們從小店裡搬了出去，在加州全景市 Panoramacity 購物中心開設了一家服裝店，這便是 Forever 21 的第一家店面。

張東文夫婦很早就留意到一個現象：當那些年輕的顧客進入店中，看中了一件衣服後，接下來的一個動作往往是去翻衣服的售價標籤。

如果價錢合適，那他們會露出欣慰的笑容，但若價格超過預期，他們就只能失望地搖搖頭，決定不再購買這件衣服。

為什麼要讓顧客為難呢？

張氏夫婦決定，不讓 Forever 21 的每一件衣服超過六十美元，這樣的話，顧客只要看上了哪件衣服，就能立刻將衣服買走。

從開店之初到二〇一一年，Forever 21 已經在全球擁有了四百七十七家分店、三萬五千名員工，年銷售總額也達到了三十億美元，而且店面的大小今非昔比，最大可達一萬四十平方公尺，是當年張東文夫婦的第一家店的五百六十倍！

即便如此，夫婦倆還是堅持「六十美元」原則，保證讓顧客安心選購，這是Forever 21能夠從眾多服裝品牌中脫穎而出的制勝法寶。

如今，Forever 21不僅注重實體店銷售，還大力發展線上行銷，市場越來越大，身為CEO的張東文夫婦也越來越有錢。

張東文終於不用再羨慕那些富人的財富了，如今他成了別人羨慕的對象，所以我們在未成功前也用不著去和別人做比較，誰曉得在未來的日子裡，自己的地位如何，說不定會一躍而起，成為叱吒商界的大佬呢？

張東文語錄——關於「快」

1「『快』真是太重要了。有些人放著好不容易想出的創意，覺得「我也是那麼想的」，卻沒有付諸行動。而我們會先去嘗試，這種快速精神是成功的基礎。」

2「我們公司成長到這麼大的規模需要很長時間，這不是一蹴而就的事情。我認為，流通業不是一百米短跑，而是馬拉松，不是有錢就盲目擴張。」

解析：創意、生產要快，經營要慢，要穩紮穩打，這樣才能保持一個企業長久的活力。

27

全球第一位缺少四肢的CEO

力克．胡哲的奇蹟

力克．胡哲（Nick Vujicic）檔案

國籍：澳大利亞。

祖籍：塞爾維亞。

出生年代：一九八二年。

學歷：會計與財務規劃雙學士學位。

職業：勵志演說家、國際公益組織「Life Without Limbs（沒有四肢的生命）」總裁及首席執行長。

頭銜：澳大利亞年度青年。

二〇一一年，整個中國的企業界都被一個澳大利亞男青年震驚了，這個青年沒有四肢，只在左側臀部以下長有一個帶著兩個腳趾的畸形腳丫，他叫力克．胡哲，是全球第一個沒有四肢的CEO。

聽起來似乎非常不可思議，可是有什麼能比一個沒有腳的人做出如踢球、衝浪等一系列運動更令人驚嘆的呢？讓全世界都難以想像的事情，力克．胡哲卻做到了。

所以，當我們抱怨生活頗多艱難，給了我們太多阻力時，請想一想力克，還有誰能比他更慘？

他都能遊走全球，為全世界人發表演說，其他人為何就不能超越自己，讓命運甘拜下風？

一出生就把父母嚇一跳

力克是家裡的長子，在出生前曾讓其父母感到無比幸福。

力克的母親曾經當過護士，所以她知道在孕期什麼該做、什麼不該做，甚至在自己頭痛的時候都沒有服用止痛藥，大家都以為萬無一失，沒想到臨盆那天卻是厄運的到來。

當力克的父親看到一個渾身只有「一塊肉」的小嬰兒時，先是驚愕，隨即跑到產房外嘔吐起來，力克的母親也是如雷轟頂，不敢去抱自己的孩子。

好在夫妻倆很快就鎮定下來，而且他們都有信仰，認為上帝不會虧待每一個生命，所以就帶著兒子到處就醫。

他們本以為力克活不久，沒想到力克的生命力異常頑強，一直都很健康，最終，夫妻倆決定順應上帝的旨意，帶著兒子好好生活。

不過身體的殘疾還是給力克帶來了不少麻煩，他的寵物狗曾誤將他的腳當成了雞腿，而妄想飽食一頓。

力克後來每次提及此事，都笑言自己的腿是「小雞腿」，他似乎忘了過去的種種艱難。

曾經想要淹死自己

童年時的力克可就沒那麼瀟脫，他對自己的身體充滿了憎惡。

當他入學後，看到別的孩子可以趴在課桌上聽課，而他只能站在桌子上，讓他感覺到自己是個不合群的異類，他非常羞愧，恨不得找個地洞鑽下去。

別的孩子也不是那麼友好，一下課，大家就對著力克指指點點，全都捂著嘴笑他，力克漲紅了臉，眼淚一下子湧了出來。

第二天，他死都不肯上學，家人問明情況下，鼓勵他：「力克，你可以的，你只是有點特別。」力克卻搖著頭，痛苦地說：「我不要特別，我只想跟大家一樣！」

這種痛苦一度讓力克的人生充滿了灰色，於是在十歲那年，他做出了一個驚人的決定——自殺。

他費盡力氣讓浴缸蓄滿水，然後毫不猶豫地一頭栽進水裡。

沒想到，上帝把他造出來是真的想讓他好好地活在這個世界上，力克很快就浮在了水面上，宛如一件救生衣似的，所以他沒有去見上帝。

隨後兩次，他又企圖自殺，沒想到照樣失敗，最後連他自己也要驚嘆自己的生命力了，從此他決定珍惜生命，好好地利用生命中的分分秒秒。

多虧了那些溫暖的聲音

雖然力克從一出生就命途多舛，經常遭到別人的白眼和嘲笑，卻也受到過很多鼓勵，如果沒有善良人的支持和幫助，力克認為自己根本就沒有今天的成就。

家人首先就是力克的動力。

當力克到入學年齡時，他的母親想讓兒子進一般學校讀書。可是澳大利亞的法律當時訂下一條規矩：不允許殘障兒童入正規學校念書。力克的母親才不管什麼法律條文，她據理力爭，要求政府修改法律，最後竟然成功了，力克成為澳大利亞第一個進入正規學校就讀的殘障生。

可是力克還得忍受其他學生對他的嘲諷，他因此變得自卑極了，不喜歡和別的孩子交流，整天守在自己的小天地裡。

於是，那些同學就更加排擠他了，有一天，他在學校先後被十二個孩子取笑，到了下午，他沮喪地想：如果再有一個人嘲笑我，我就放棄自己。

在西方，十三是個不吉利的數字，力克選擇這個數也是一種消極的心理暗示，他以為上帝真的要放棄他了。

沒想到這時來了一個女孩，對方微笑著對他說：「嗨，力克，你今天看起來真不錯！」

力克一下子沒回過神來，但心頭湧起一股暖流，這一刻是他這一天裡最溫馨的時光，他忽然生出無限的勇氣，決定不辜負那些關心自己的人，要讓人生從此精彩下去。

用無數「不可能」實現人生價值

其實在力克十八個月大的時候，他的父親已經開始培養兒子的獨立性了。父親將力克小心翼翼地放在水裡，希望兒子能學會游泳；到力克六歲時，父親又教他用兩個小腳趾在電腦上打字。

力克的母親還自創了一種塑膠裝置，可以裝在輪椅上幫助尼克拿起筆。憑藉著對自身的熱愛，力克考取了大學，還順利取得金融方面的學士學位。

此外，他還想進行體育活動，甚至要挑戰四肢健全者都玩不好的滑板和足球運動。誰都會覺得他去衝浪是一項不可能完成的任務，但力克卻做到了，他甚至能在衝浪板上旋轉身體三百六十度。

高爾夫球也難不倒他，他先用下巴和左肩夾緊特製球杆，然後奮力揮杆，同樣能取得很好的成績。

如果說運動是力克的愛好，那麼事業則是他展現人生價值的標竿。

力克從小就發現了自己的演講天賦，從中他獲得了很多人的尊敬，也幫助他重拾自信。

他雖然身體殘缺，卻在國小就當上了學生會主席，高中時又是學生會副主席，說明大家都很信賴他，也相信他的領導能力。

從十九歲起，力克決定要讓其他人也有自信起來，於是他成為一名上帝的傳道者，輾轉於各大洲為世界各地的人們傳播福音。

二十四歲那年，他成立了「沒有四肢的生命」的公益組織，從此遊走於各國，講述自己的經歷，鼓舞了萬千聽眾。

如今，他致力於世界巡迴演講活動中，並出了一本勵志書《人生不設限》，他想讓人們學會關愛自身、做生活的強者，唯有如此，命運才會永遠對著每一個人微笑。

力克．胡哲語錄——如何改變命運

1 **「人生最可悲的並非失去四肢，而是沒有生存希望及目標！人們經常埋怨什麼也做不來，但如果我們只掛記著想擁有或欠缺的東西，而不去珍惜所擁有的，那根本改變不了問題！真正改變命運的，並不是我們的機遇，而是我們的態度。」**

2 **「人生的遭遇難以控制，有些事情不是你的錯，也不是你可以阻止的。你能選擇的不是放棄，而是繼續努力爭取更好的生活。」**

解析：成功就是將不能變為可能，而這一切，取決於你的努力爭取。

第二章

半路轉行拼的是一種勇氣

PISCES
AQUARIUS
ARIES
Cepheus
Lira
Vrsa
minor
Draco
Berenices
VIRGO
LIBRA

水泥袋下強忍的疼痛

經營之神松下幸之助的崛起

松下幸之助檔案
日本名：まつしたこうのすけ。
國籍：日本。
籍貫：和歌山縣。
出生年代：一八九四年。
職業：松下電器（Panasonic株式會社）前任董事長。
身價：十五億美元（截止至一九八九年）。
頭銜：日本經營之神。

上學時，老師就教導我們做事要持之以恆，三心二意是要不得的。但是，半路出家並非沒有好處，若改行之後能從事自己喜歡的職業、追尋自己的夢想，對前途來說是極為有利的。比如松下電器的創始人松下幸之助，他在步入職場後逐步意識到電器的流行，並迅速萌生了轉行的想法。

當然，改行不見得是一個令人愉快的選擇，因為初期缺乏經驗，很難跨行成功，幸之助不得不整天扛著比身體還重的水泥袋在烈日中辛勞，以便掙錢度過找工作的過渡期。多年後，每當他想起這段往事時，並沒有後悔，他知道，不改變，人生怎麼可能產生奇蹟呢？

水泥袋差點壓垮改行的決心

松下幸之助的童年充滿了不幸，父親在他四歲那年經商失敗，致使家境一落千丈，幸之助只念了四年國小就被迫輟學，到大阪一家自行車行當學徒。

在幸之助十五歲那年，他的父親因病離世，這對幸之助來說不僅意味著巨大的悲痛，更是加重了他的負擔，讓他年紀輕輕就要挑大樑照顧全家。

他勤勤懇懇地在車行工作了六年，這期間，大阪的街道上逐漸出現了電車、電燈等電器，讓他在眼界大開的同時也產生了一個想法：未來肯定是電器的天下，我是否該轉行了？

要放棄一個從事了多年的行業並不容易，意味著多年的經驗和付出要全部歸零，但幸之助仍決定嘗試一下。

他請求姐夫幫自己在電燈公司安排工作，於是姐夫幫他聯繫了一家公司，可是對方回覆說暫不缺人，讓幸之助先等等，卻又沒說到底要等多久。

幸之助有點傻眼，這時的他已經從自行車行辭職了，可沒臉再回去，但生活費也因此毫無著落，愁得他整晚失眠。

為了生存，他先找了一份搬運水泥的臨時工作。他也真是夠大膽的，如果電燈公司整年都不聯絡他，那他豈非要一整年做著苦重的搬運工作了？

這時幸之助已經快十六歲了，由於平時沒有足夠的營養，他長得特別瘦弱，一袋水泥壓在他肩上，宛若一座大山似的，總是讓幸之助氣喘吁吁。

不消兩三天，幸之助的肩膀和背部就破了一層皮，痛得他齜牙咧嘴，每晚睡覺都只能俯睡，讓受傷的背不受到硬梆梆的床板的擠壓。

即便如此，第二天醒來時，他仍舊感到渾身的骨骼如同灌了鉛一樣，痠痛不已，恨不得自己是根羽毛，風一吹就可以輕易地漂浮在空中，而非像如今這般活動艱難。

他工作了三個月後，電燈公司那邊仍是杳無音訊，幸之助甚至懷疑自己當初的決定是否正確，他本來在車行做得好好的，眼前卻既丟了以往的經驗，還成了廉價的勞動力，人生一下子陷入絕境中。

但某一天，姐夫突然興沖沖地將一封信遞到幸之助手裡，高興地說：「電燈公司來信了！」

幸之助忙打開一看，頓時激動地熱淚盈眶，他已被聘請為員工，翌日就需去新公司報到。

請求降職的公司主管

十六歲的幸之助在當時看來非常高尚的電工行業工作，不過他最初只是個學徒，每天跟在技工屁股後面學習，做一些搬運工具、材料的服務工作。

不過幸之助很聰明，他平時注意觀察技工的操作步驟，然後在心裡悄悄記起來，不到兩個月的時間就能熟練掌握電路安裝技術了，於是很多技工在工作時都由他代勞，而幸之助也沒讓他們失望，做得很好。

三個月後，幸之助因為良好的工作表現被升了職，他參與公司幾個重要的工程，名氣和威望越來越高。

公司非常信任幸之助，在十八歲那年讓他當了辦事員，這個職位在現在看來相當於是公司的主管級，幸之助有了自己的專屬辦公室和辦公桌，再也不用外出辦事，只要審閱一下檢查員的報告，進行批示就行了。

沒想到，這個看起來很輕鬆的職位卻給幸之助出了一道難題。

原來，由於教育程度不高，寫字對幸之助來說非常困難，他在工作時不僅吃力，而且讓上司加藤先生也很不滿意。

最後，他找到上司，鄭重其事地說：「還是把我調回原來的職位吧！我實在無法勝任需要寫字的工作。」

上司同意了他的要求，但同時也建議他讀夜校，好好充充電，以便將來有更大的發展。

幸之助也深感讀書的重要性，於是每天一到下班他就匆匆趕到夜校，從晚上六點半一直上到九點半，堅持了一年，終於拿到了畢業證書。

自己的發明竟受到上司的恥笑

幸之助並非一個墨守成規的人，他總能想出新奇的點子，一些真正屬於他自己的東西。有一次，他改良了一個插座，並發明出自己的第一個產品。

他興沖沖地將新插座拿給上司看，還詳細闡述了插座的優點。

誰知上司看都不看幸之助的發明，還嘲笑道：「你這也叫發明？別開玩笑了！」

幸之助沒料到上司會這麼說他，頓時氣得眼淚在眼眶裡打轉，他並不認為自己的發明不行，決定要向所有人證明這一點。

於是，他決定自己創業，開一家插座公司，如果不成功，索性就改開一家小店賣紅豆湯，反正他不想在公司裡待下去了。

於是，他向上頭遞交了辭職信，把主管驚得目瞪口呆，連聲叫道：「你瘋了嗎？多少人想坐你的位置都還坐不到呢！」

可是幸之助還是堅決要離開，一如他當年決定要改行一樣。

辭職後，幸之助湊了一百日元，也就是相當於如今的一百萬日元充當創業資金。

這筆錢連買一套模具都不夠，可是幸之助認為有錢總比沒錢強，於是招聘了三個人，讓他們採用最原始的方法，一人背著一包插座去商店推銷。

半個月後，幸之助他們總共賣出一百多個插座，銷售額為十日元。

幸之助想和批發商做生意，因為可以提高銷售量，可是那些批發商都很精明，他們只看重大品牌，根本就不信任幸之助，所以幸之助在批發商那裡總是碰釘子。

又是一週過去，插座徹底賣不動了，有兩個職員非常失望，向幸之助辭職了，他們其實是幸之助的朋友，卻迫於現實的無奈而選擇離開。

幸之助不僅沒怪他們，還對兩個朋友表達了深深的歉意。

這樣一來，幸之助的小作坊裡只剩下三個人：幸之助夫婦和他們的內弟井植歲男，由於一連好多天沒有做成一筆生意，幸之助只好將自己和妻子的衣物、首飾送入當鋪，以解決生活上的燃眉之急。

十天一定要做完一千個插座

就在幸之助的作坊快關門大吉時，好運突然降臨了。

川北電氣器具製造廠的一個業務員在一家商店發現了幸之助的插座，覺得很不錯，想向幸之助訂購一千個插座。

「你們先做些樣品給我看看，沒問題的話我就先訂一千個，如果公司很滿意的話，以後我們的訂貨量會達到每年兩至三萬個。」那位業務員說，他不知道這個消息對幸之助來說簡直就是雪中送炭。

幸之助馬上根據業務員給出的圖紙做好了五個樣品，對方認為沒有問題，於是幸之助三人就馬不停蹄地為一千個插座趕起工來。

其實業務員沒有限定明確的交貨日期，可是幸之助那邊卻不能再拖延時間了，否則他們全都要餓著肚子工作了。

三個人約定，一天做一百個插座，不管有多困難，十天一定要做完一千個。

商議完之後，三個人連飯都顧不得吃，忙得昏天暗地，終於在十天後順利完成任務。

和他們合作的業務員非常驚奇，覺得幸之助效率非常高，就馬上給了他一千個電風扇底盤的訂單。

靠著改良插座和電風扇底盤，幸之助開始盈利，他的作坊也變成一個大廠房，掛牌為「松下電氣器具製作所」，員工人數也大大增加。

幸之助是個一直走在時代前端的人，他隨即又生產了自行車燈、電熨斗、無故障收音機、電子管等一個又一個電子產品，也獲得了一個又一個成功，他不再是一個差點沒飯吃的少年了，他的努力終於換來豐厚的回報。

後來，幸之助寫了一本書《我的夢，日本的夢，二十一世紀的日本》，並多次演講，教導人們要追逐夢想，因為夢想真的可以讓一個窮小子變成億萬富翁！

松下幸之助語錄——在經營中如何改變

1「人們對於進退事情，往往不容易看得開，但有時因情況需要，就得有所改變。或者，即使並無情勢逼迫，也必須決定自己的進退事宜。」

2「非常時期就必須有非常的想法和行動，不要受外界價值觀干擾。」

3「經營者除了具備學識、品德外，還要全心投入，時時反省，才能領悟經營要訣，結出美好的果實。」

解析：這種經營理念也適用於做人。

29

在歌廳中賣唱的服飾大亨

香奈兒與她的品牌神話

嘉布麗葉兒．香奈兒檔案

別名：Coco Chanel。

國籍：法國。

籍貫：曼恩－羅亞爾省。

出生年代：一八八三年。

職業：時裝設計師、香奈兒品牌創始人。

品牌身價：八十億美元（截止至二〇一三年）。

頭銜：二十世紀影響最大的一百人之一。

在二十世紀初的巴黎，女人們穿著從古至今沿襲下來的束腰鯨骨長裙，如一朵溫室鮮花，顯得那麼地柔弱無力。

這時，突然有一位個性鮮明的女性公開宣揚：「我拒絕可愛，我就是傲慢的，我絕不低頭！」她的話讓所有人震驚。

驕傲必須付出代價，尤其是女人，為了堅持她的處事原則，她做過咖啡廳的賣唱歌女，也嚐過寄人籬下的滋味。後來，她第一個穿上褲裝，在巴黎街頭開設時裝店，為女性做出獨立的榜樣，她就是嘉布麗葉兒・香奈兒，一個時尚界永遠銘記的藝術神話。

賣唱女的小心機

香奈兒出身貧寒，她母親在貧民院工作，並在那裡生下了她，所以她是個沒有父親的孩子。可能父親的缺席讓香奈兒很自卑，所以她竭力否認自己的身世，她稱自己一直到十二歲還跟父母住在一起，可惜後來母親死了，父親就戀上另一個女人，將香奈兒等幾個孩子送進了孤兒院，此後他再沒出現過。

於是，香奈兒的出身一直撲朔迷離，這反倒增加了她的神祕感，人們更加認為她是一個傳奇了。不管在哪裡出生，香奈兒在貧窮中長到十八歲，已經出落成為一個美麗的少女，她有著高眺的身材和尖尖的下巴，儘管穿著廉價的衣服，她仍舊散發出一股貴族氣息。

她發現自己不僅有容貌，還有一副美妙的歌喉，為了維持生計，她白天在針織店當售貨員，晚上則去酒吧唱歌，賺些外快。

儘管剛開始她只會唱兩首歌，但由於人美歌甜，還是受到了顧客的歡迎，有些男客戲稱香奈兒為「Coco」，香奈兒也接受了這個名字，並在日後將此名字做為自己品牌的代名詞。

某一天，香奈兒發現酒吧裡來了一個年輕的軍官，那軍官目不轉睛地盯著她，流露出欣賞的神情，顯然，他被香奈兒迷住了。

香奈兒敏銳地洞察了軍官的心理，她大膽地走過去，與軍官攀談起來。

原來，對方叫安．巴勒森，是一個中產階級，他許諾帶香奈兒進入上流社會，就這樣，香奈兒的人生發生了第一次重大的轉折。

送上門的不一定就代表被動

女人的世界裡流行一種說法：女子不能太主動，否則就是跌了身價，從主動變成被動了。

可是這句話無法被香奈兒認同，她很有賭徒的精神，追尋的原則是積極主動，哪怕前方是火坑，她也要跳下去。

與安在一起後，香奈兒得以結識更多名流，但她也很快發現安的性格保守古板，根本就不適合她那特立獨行的個性。

有一次，她和安去參加一個聚會，她覺得自己帽子上沉重的羽毛配飾太多，影響美觀，就將羽毛拔得只剩一根，然後跟著安出發了。

宴會上的名媛們無不注意到香奈兒的帽子，她們竊竊私語，認為香奈兒離經叛道，甚至不打算再請她參加聚會。

安很生氣，不理睬香奈兒，此時一位中年男子卻過來邀請香奈兒跳舞，他叫亞瑟・卡伯，是一個英國貴族，在法國打理煤礦生意。

香奈兒迅速分析出兩點對自己有利的結論：一，卡伯喜歡自己；二、卡伯勇於在大家都排斥她的情況下接近她，說明他懂得欣賞她，日後必定會成為她的強大支持者。

她思量再三，決定去找卡伯，儘管他們只有一面之緣，但她相信自己不會看走眼。於是，她拋棄了安，坐著馬車狂奔了兩天兩夜，終於披頭散髮地在一個煤礦上見到了卡伯。

送上門的不一定沒有話語權，因為卡伯已經深深地被香奈兒吸引，他決定要讓這個苦命的女孩過上好生活。

可是卡伯的家人，甚至僕人都看不起香奈兒，認為香奈兒只不過是個高級情婦，因此香奈兒在卡伯家頗受冷落。

為了不讓香奈兒難過，卡伯將她帶到巴黎，香奈兒的時尚神話由此揭開序幕。

一把剪刀剪出了香奈兒品牌

香奈兒認為女人應該經濟獨立，這樣才有真正的說話權，迄今為止她做過最成功之事只有唱歌一項，可是賣唱是身分卑微者做的事，香奈兒可不想再與歌廳沾上邊了。

她平時喜歡設計，便想賣帽子，不過她從未嘗試經營，心裡並沒有多少把握。但卡伯很贊成她的想法，資助她開設了一家帽子店。

香奈兒的帽子樣式過於簡單，一開始無人問津，她並不氣餒，反而把自己當成模特兒，戴著各種帽子招搖過市，卡伯也讓巴黎最有名的歌劇演員戴上香奈兒的帽子。這種廣告效應是空前的，愛時髦的女人們逐漸被香奈兒的帽子所吸引，成了她的常客。

除了帽子，香奈兒對時裝的研究也頗有心得。

在一個冬天，天氣寒冷，卡伯遞給香奈兒一件自己的大衣，香奈兒穿上大衣後，覺得衣領過高，無法露出自己如天鵝般長長的脖子，於是便拿起剪刀，將衣領剪了下來，然後打開門，迎著寒風走了出去。

一路上，不斷有路人盯著她的大衣看，當她進店後，馬上有顧客跑過來問她在哪裡能買到她穿的大衣，因為當時市面上只有賣高領的大衣。

香奈兒大受啟發，設計了一系列低領而簡單的衣服，結果當然是門庭若市。

由於是卡伯的那件大衣為她帶來了好生意，香奈兒因此一直將大衣珍藏著，還稱這件衣服是她的「幸運大衣」。

在第一次世界大戰前，她還為女人設計了褲子，後來隨著戰事推進，男人們都上了戰場，女人們只好脫下華服，走進工作場所，香奈兒的褲裝方便實用，此時正好滿足了女性的需求，所以獲得了巨大成功。

可惜的是，卡伯這時卻出車禍意外身亡，這讓香奈兒沉浸在悲痛中，久久不能自拔，也讓她的事業陷入低谷。

到一九二〇年，香奈兒重整旗鼓，設計了珠寶、香水等新產品，並在第二次世界大戰後大量使用 Chanel 象徵性的幾何印花和山茶花，從而使香奈兒的形象深入人心。

從一九一〇年的帽子店開始，直到一九八三年香奈兒女士去世，整整七十三年間她一直在努力工作，推動香奈兒品牌的影響力。她用自己的一生告訴人們：想要成功，必須學會抓住機遇，但機遇只是一個輔助性的東西，最重要的還得靠自身，自己不努力的話，誰也救不了你。

嘉布麗葉兒．香奈兒語錄——關於自我

1「與其在意別人的背棄和不善，不如經營自己的尊嚴和美好。」

2「我的生活不曾取悅於我，所以我創造了自己的生活。」

3「想要無可取代，就必須經常與眾不同。」

解析：你可以穿不起香奈兒，你也可以沒有多少衣服來選擇，但永遠別忘記一件最重要的衣服，這件衣服叫自我。

心中做著淘金夢的文書處理員

李維的牛仔褲

李維．斯特勞斯（Levi Strauss）檔案
國籍：美國。
祖籍：巴伐利亞王國布滕海姆。
出生年代：一八二九年。
職業：李維公司前任總裁。
後人身價：四十七億五千四百美元（截止至二〇一四年）。
頭銜：牛仔褲之父、Levis 品牌創始人。

很多人的衣櫥裡總少不了的一種服飾，就是既好穿又好看的牛仔褲，這種衣服還有個很大的優點——耐磨，這也是其創始人李維．斯特勞斯發明牛仔褲的出發點。

李維是小職員之子，原本可以安分地當個文書處理員，無憂無慮過一生，誰知他心高氣傲，非要來到異鄉淘金，結果讓自己的生活一度變得十分窘迫。

好在一個偶然的機會，他設計出了牛仔褲這種需求量極大的服飾，這也說明金子不一定就是黃金，只要發現了商機，淘金夢總有一天會實現。

到美國後頓時傻眼了

李維是德裔猶太人，父親是一個文書處理員，自小家境一般，雖不富貴，卻也能提供李維順利讀完大學。

李維很聰明，在大學畢業後按照父輩的軌跡行走，找了個文書處理員的職位，準備工作一輩子。

一八五〇年，從美國的薩克拉門托河畔傳來了一個振奮人心的消息：美國西部蘊藏著大片金礦，可以輕易改變一個窮人的命運！

好多人被發財夢激發出無限的渴望，他們立刻收拾行李，踏上了去美國的征途，李維也動心了，他並不喜歡辦公室枯燥的氛圍，又想過上好日子，便也想出去賭一把。

他不顧家人的勸說，毅然決然地來到美國舊金山。

可是，當李維興致勃勃地扛著鐵鎬向礦地走去時，不由得驚訝極了。

原來，路上全是來挖金子的人群，那些帳篷密密麻麻地聚集在礦區的周圍，如同麻子臉上的坑，看著讓人怪不舒服的。

這麼多人一起淘金，每個人分的金子豈不是很少？李維在心裡嘀咕著。

雖然眼前所見與想像中的很不一樣，但李維還是決定嘗試一下，他骨子裡就有一種不服輸的精神，任何困難都不能讓他屈服。

剛二十出頭的李維便在礦區旁駐紮下來，白天跟著一幫工人在礦山上揮汗如雨，晚上要到很晚才拖著疲憊的身軀返回帳篷休息，而更令他心寒的是，每天辛苦地做事，晚上收工前還得將淘出來的大部分金粒交給礦頭，這不是白給人家打工嗎？

換個思路也能賺到錢

不行！再這樣下去生活不僅沒辦法改善，而且還會浪費時間！李維心裡很慌張。他又決定改行了，並非他不想堅持，而是現實沒有帶給他希望。

可是換什麼職業好呢？李維又找不到方向。

礦區離市區很遠，很多工人生活很不方便，有一天，一個工人扛著大包小包的日用品回到工地，一見到李維就大聲訴苦：「哎！真麻煩！為了買這點東西，我竟然花了一天的時間，光是在路上就花了我大半天的工夫！」

李維看這個礦工滿頭大汗的模樣，突然有了靈感：與其做著遙遠的黃金夢，倒不如開個雜貨店，從礦工身上賺錢，不是更好嗎？

於是，這個昔日的文書處理員決定正確認識財富，他把自己手頭上的所有積蓄拿來開了一家雜貨店，每天為礦工們提供服務。

事實證明李維的換位思考是成功的，很多人都來他的店裡消費，而且因為只有他在開店，所以沒有競爭者，很快就賺了個盆滿缽滿。

李維一高興，就有點得意忘形，而沒有考慮到工人們的真正需求。

有一次，他進了一大批搭帳篷的帆布，他以為工人們的帳篷很容易破損，帆布應該會供不應求，誰知當他卸完貨高聲叫賣時，卻沒有人看積壓如山的帆布一眼。一晃好些日子過去，李維終於明白，他的那些帆布要賠本了。

就在李維愁眉不展之時，店裡忽然來了一個淘金工人，對方張口就問：「有沒有結實耐磨的褲子？」

李維頭一次聽到有人要買褲子，頓時驚奇不已，透過與這個工人的交談，他才知道礦工們的衣褲很容易被磨破，而他們又沒時間打補丁，都在為此發愁呢！

不知怎的，李維忽然想到了他的那堆帆布。

如果把帆布做成褲子，不就既能收回成本，又能滿足工人們的需要了嗎？他興奮地想。

也許李維並沒有料到，他這一個突發奇想，竟然造就了一款風靡全球的服裝。

由淘金工人引發的全球時尚

一九五三年，李維成立了牛仔褲公司，生產出全世界第一條牛仔褲，這條褲子在當時有個通俗的稱呼，叫「李維氏工作褲」。

礦工們聽說李維在銷售一種特別耐磨的褲子，都紛紛跑來購買。雖然顧客絡繹不絕，李維卻並不滿意，因為他的帆布褲子太硬，穿上身後很不舒服，而且沒辦法做成好看的樣子，只能設計成又肥又大的款式。

李維本著要做就做到最好的原則，開始在市面上尋找合適的衣料。有一天，他發現了一種藍白相間的斜紋粗棉布，那是法國人涅曼發明的新型布料，十分符合他的要求。

李維馬上從歐洲進口了這種布料，然後進行加工，同時他對褲子的樣式也進行了改造，將一開始的短褲改成了長褲，這樣便能防止蚊蟲叮咬，此外他還給褲袋的四個角落都釘上黃銅鉚釘，如此一來，工人們在往口袋放金子的時候，再也不怕口袋被磨破了！

更重要的是，工人們穿上工裝褲後，顯得特別帥氣，讓其他行業的人也趨之若鶩，紛紛以穿上工作褲為時髦裝扮。

此事觸動了李維，他繼續改進牛仔褲，試圖讓更多的人來接受他的褲子。

可是，在美國的上流社會，一部分人卻堅決抵制牛仔褲的流行，他們覺得牛仔褲是底層人才會穿的廉價服裝，怎能讓它在大庭廣眾之下頻繁出現呢？

李維不贊同這種觀點，他始終認為牛仔褲是為所有人準備的衣服。為此他不停地努力。

可惜，直到一九〇二年他去世，牛仔褲也沒真正進入主流社會，李維帶著遺憾離開了人世。

好在李維的後人繼承了李維的思想，運用一切手法為牛仔褲做推廣，還讓牛仔褲不斷登上時裝發佈會和大銀幕，於是在一段時間後，牛仔褲終於登上大雅之堂，成為很多人心愛的服裝之一。

一直到如今，牛仔褲在每個人的衣櫥裡都成了不可或缺的必需品，這都得感謝李維的轉行，他不僅改變了自己的人生，也改變了全世界人的審美品味！

李維．斯特勞斯語錄——關於成功的祕訣

1「我用一生的時光追逐淘金美夢。」

2「不要安於閒適的生活，要在冒險中體會快樂。」

3「勤奮＋果斷＋行銷戰術＝事業成功。」

解析：從李維的話中可以看出，他是贊成勤奮致富的，而且鼓勵大家保持對事業的熱情，實際上他也是用這種方法來激勵自己，並最終創造了牛仔褲的傳奇故事。

最初對海運一竅不通的世界船王

愛冒險的包玉剛

包玉剛檔案
國籍：中國。
籍貫：浙江省寧波市。
出生年代：一九一八年。
職業：環球航運集團董事長、滙豐銀行前任董事。
身價：十億美元以上。
頭銜：世界船王、英國爵士。

在二十世紀中葉的香港，一位華人以一艘舊船創業，最後名滿香江，他一舉坐上了華人世界船王的寶座，最後連世界船王——希臘的奧納西斯都要甘拜下風。

他就是包青天的第二十九代嫡孫包玉剛。

也許是承襲了老祖宗的傳統，包玉剛非常節儉，不捨得浪費一點財物。可是航運本身就是一個極為冒險的行業，稍有不慎就會賠得傾家蕩產，包玉剛竟然對航運還一竅不通，他為何有膽子嘗試，又是怎麼一步步走向成功的呢？

自毀前程去經商

包玉剛的父親是一名經營造紙業的商人，父親深知知識的重要性，發誓一定要讓兒子多多讀書。

包玉剛小時候過得還算不錯，而且在上海讀書，一直到進入大學。

可是這個時候，日本人開始大舉侵入中國，上海成了一座孤島，四處都潛藏著危機。

包玉剛只得放棄學業，去湖南衡陽的一家銀行當了一名基層員工，隨後他因認真的工作態度而被調到重慶中央信託局工作。

包玉剛發揮著寧波人特有的吃苦能幹精神，將業績越做越好，頗受上司的重視，到抗戰結束，他已升任為重慶礦業銀行的經理。不久後，他回到上海，開始擔任上海市立銀行的業務部經理。

可以說，如果按照這個發展態勢一路走下去，銀行行長的位置一定會留給包玉剛的。

沒想到包玉剛志不在此，他渴望有更大的發展，而不是坐在辦公室裡度過一生，他遞交了辭呈，從此結束了自己在銀行的光明前程。

包玉剛剛辭職時，免不了會受到一些人的冷嘲熱諷：「想發財想瘋了吧？經商哪有這麼容易，小心吃虧啊！」

包玉剛沒有理睬那些聲音，他毅然跟父親一起去了香港，父子二人從中國內地購買一些乾貨、肥料、鴨毛、豆餅等土產，然後銷往世界各地。

誰知時運不濟，中國政府很快決定由國家一手包辦土產出口，包玉剛的生意便泡了湯。再做點什麼好呢？

父親想經營房地產，因為在中國人的傳統觀念裡，有地就有財富！

可是包玉剛卻對父親說：「我們的本錢太少了，萬一炒地皮被別人吃掉了，就一無所有了！而且做房產只能在固定的時間收租，賺不了大錢，還不如做航運，服務範圍可以擴大到全世界，而且資產是流動的，多好！」

父親被兒子說得動了心，同意試一試，不過他仍舊不忘囑咐包玉剛：航運有巨大的風險，可不能掉以輕心。

連買一艘舊船的錢都沒有

雖然夢想很宏偉，可是實行起來卻困難重重，而最大的問題就是沒有足夠的錢去買一艘船，哪怕是舊船。

包玉剛不得不四處找朋友借錢，可是昔日那些「好友」一聽他提到錢，都忙不迭地推託，甚至有個朋友還拍了拍包玉剛的襯衫，嘲笑道：「兄弟，你對航運一竅不通，還是別往裡鑽了，小心把襯衫都賠進去！」

這番話反倒激發了包玉剛的好勝心，他壓抑住內心的苦澀，發誓一定要出人頭地，讓所有人知道他們當初看走了眼。

後來，他去香港滙豐銀行貸款，也碰了釘子，只好又轉戰日本銀行。

這一次包玉剛終於得償所願，日本銀行竟然不用擔保，直接就把錢貸給了他！靠著這筆貸款，包玉剛買下一艘已使用二十八年，排水量僅為八千兩百噸的英國貨船。儘管船身舊得不像樣子，油漆斑斑駁駁的，包玉剛還是很開心，他用新漆將船好好地包裝了一下，並取了個響亮的名號——金安號，意思就是能夠在平穩中賺到大錢，寓意非常吉祥。

當金安號從英國出發，準備開往香港時，包玉剛又做了兩個大動作，一是成立「環球航運」公司，二是將自己的船舶轉租給日本一家公司，供對方從印度運煤到日本。

包玉剛的父親這才鬆了一口氣，他沒想到兒子居然如此運籌帷幄，看來包家經營航運業是做對了！

從「傻瓜」變成人人羨慕的船王

以往世界各地的航運經營者都採用按次收費的方式結算，也就是租船者每跑完一個航程就繳一次錢，可是包玉剛偏偏另闢蹊徑，他將船按不同的年份租給別人，租船者只要每個月繳納租金即可，同時他的租金要比別人的便宜很多。

這樣一來，同行們都在笑包玉剛：「真是個傻瓜，什麼都不懂！」

可是包玉剛不這麼看待自己，因為他對航運不熟，所以還不如按月取得穩定的租金收入，等他熟悉了業務之後，再改變政策也不遲。

第二年，埃及戰爭爆發，蘇伊士運河被關閉，致使航運費用暴漲。這對包括包玉剛在內的所有航運經營者來說，是一個天大的喜訊！

包玉剛一下買了七艘新船，業務擴大了好幾倍，收入也猛增。

到了一九五七年的下半年，航運業又開始蕭條，短租的話每天都要賠本，只有包玉剛依舊按照租船合約，每個月悠然自得地收著租金，一點也沒有吃虧。

這時候，同行們才不得不讚嘆道：「還是包玉剛看得長遠，有一手啊！」

後來，大家都開始向包玉剛學習，競爭一下子大了起來，包玉剛心想：如果靠盈利來買新船，不知道要等到何時才能出頭呢！還是得爭取銀行貸款才行！

有一次，他談妥了一筆生意，對方願意以一百萬美元的價格賣給他一艘七千兩百噸的新船。

包玉剛又聯繫了一家日本航運公司，租期為五年，對方第一年該付給他七十五萬美元的租金。

包玉剛再次來到滙豐銀行，請求銀行給他一筆七十五萬美元的貸款。

銀行當然不同意，包玉剛馬上又說：「如果我給你們七十五萬美元的信用狀，你們能不能貸款給我？」

銀行方面說沒有問題，於是包玉剛便找到與他合作的日本公司，讓對方開了信用狀，回去找滙豐。

銀行的管理層很驚奇，因為包玉剛船還沒買呢！他竟然能讓合作夥伴把信用狀給開好了！包玉剛順利拿到了貸款，也促成了他與滙豐的長期合作，此後滙豐對包玉剛的公司進行了數次投資，使得包玉剛在滙豐銀行的地位急遽提升，後來他竟然當上了銀行的副董事長！

一九八一年，包玉剛的船隊總噸位已達到二千一百萬噸，打敗了希臘船王尼亞科斯，成為世界第一船王。

早在一年前，國外的報紙就刊登出這樣的大標題——《比奧納西斯和尼亞科斯都大？香港包爵士》，稱讚包玉剛前途無量，但大家都不知道，包玉剛最初對航運真的是一無所知。

所以，不要再說自己沒有經驗，也不要把經驗當成衡量能力的標準，能否成功只在於一個關鍵點：做？還是不做？

包玉剛語錄——如何取得別人的信任

「老老實實做生意，講實話，做事規規矩矩，別人就會對你有信心。」

解析：包玉剛講的都是最基本的道理，但在爾虞我詐的生意場上卻是一個非常難以做到的事情，贏得別人的信任別無他法，唯有「誠信」二字。

戰爭打碎了他的美夢

酒店巨頭希爾頓的靈機一動

康拉德·希爾頓（Conrad N.Hilton）檔案
國籍：美國。
出生年代：一八八七年。
職業：美國希爾頓酒店總裁。
集團年收入：十一億兩百美元（截止至二〇一三年底）。
頭銜：美國連鎖酒店大王。

說起希爾頓酒店，大家應該都不陌生，它是世界上最大的一家連鎖酒店，名下擁有兩千七百家分店，遍及全球八十個國家，再者它的繼承人之一是芭黎絲·希爾頓，有個如此出名的後人，想不引人注目都難。

當然，希爾頓酒店之所以能獲得今日的成就，完全得歸功於希爾頓家族的祖輩——康拉德·希爾頓。這個精力旺盛的酒店大王即便在七十多歲，還每天搭飛機飛往世界各地，巡視著業務，樂此不疲。

不過，希爾頓最初可沒想過要開酒店，他的夢想是當一名銀行家，以財生財，沒想到陰差陽錯，他因為住不了旅館而做起了旅館生意，從此一進酒店深似海，再也沒有離開過。

從小就想當銀行家

希爾頓籍貫在挪威，當他的父親還是一個孩子時，希爾頓一家就搬遷到了美國，最後定居在新墨西哥州的聖．安東尼奧鎮。

由於是移民，希爾頓的父母並沒有多少積蓄，他們把錢湊出來開了一間小五金店。希爾頓和弟弟從小就在堆滿貨物的櫃檯間玩耍嬉鬧，缺什麼就隨便拿，還以為生活用品不要錢呢！

一九〇七年，美國爆發了一場嚴重的經濟危機，希爾頓一家三餐也快成了問題。為了維持生計，希爾頓的父母把店裡的貨物全部賠本賣掉，然後騰出房間開設了一家家庭旅館，同時母親還負責為客人做菜，以便增加收入。

希爾頓和弟弟則承擔了招攬顧客的任務，他這時才明白，原來父母的生活這麼艱難，做生意並非一本萬利的事情。

當時美國的經濟每況愈下，希爾頓家的旅館吸引不到多少客人，面臨著破產的危機。

希爾頓覺得開旅館根本無法盈利，暗下決心要當一個銀行家，並且要在奧格蘭河流域建三、四家連鎖銀行。

他的父母並沒有說兒子是在癡心妄想，反而鼓勵兒子實現自己的理想，於是在一九一三年，二十六歲的希爾頓東拼西湊了三萬美元，好不容易創建了一家銀行。

誰知命運馬上就給了希爾頓當頭一棒，在第一次股東會上，他的死對頭、一個七十多歲的老頭子被大家推選為董事長。

希爾頓十分氣惱，利用一年的時間養精蓄銳，終於在第二次董事會上將前任董事長撤職，自己也當上了副董事長，大大地出了一口惡氣。

經過希爾頓的經營，銀行的業務得到了快速的發展，僅僅兩年，資金數就高達十三萬五千美元，希爾頓的前途似乎一片光明。

繞個圈又回到老本行

第一次世界大戰時，希爾頓放下了手頭的生意，奔赴前線作戰，但這樣一來，他的銀行家夢想也就泡湯了。

一九一九年，他父親因車禍而亡，希爾頓返回家中後，手頭僅剩五千美元，他想東山再起，可是就這麼點錢，哪夠他開銀行啊！

有一天，他得到一個消息：在德克薩斯州的一個名叫錫斯科的小鎮上，有一家銀行亟待出售。

希爾頓認為那個小鎮比較偏僻，銀行應該售價較低，就興沖沖地去洽談買銀行的事情。

誰知，賣主非常狡猾，故意拖著不賣，好跟希爾頓討價還價。

希爾頓只有那麼一點錢，怎麼可能再出高價呢？結果反而被賣主狠狠地嘲諷了一通。

離開時，他怒氣沖天，要不是天色已晚，他都想趁早離開德克薩斯州。

當晚，希爾頓來到一家名叫「莫布利」的酒店，想在那裡住一晚，可是他剛一進酒店大門，就被驚訝得目瞪口呆。

原來，酒店櫃檯前已被人群重重包圍，人們都搶著訂房，等希爾頓好不容易衝破人潮，來到櫃檯前說想訂房時，服務員卻冷冷地回絕道：「今天客滿了，請到別處去吧！」

那些沒訂到房間的人嘟囔著，紛紛向外走去，這時一個神情嚴肅臉色陰沉的中年男人過來疏散人群，見希爾頓沒走，就不客氣地對他說：「請你八小時後再來碰碰運氣，現在客房已經滿了！」

希爾頓很生氣，但他轉念一想：德克薩斯州如今盛產石油，來到這裡的人肯定多，如果從事酒店業，生意肯定能夠興盛起來！

恰好店老闆還在對他嘮叨：「我是被這家酒店給困住了，還不如把資金抽出來賺更多的錢！」

希爾頓趁機問：「你想多少錢賣酒店？」

老闆說要五萬美元，希爾頓就跟老闆還價，最後雙方約定一週之內，如果希爾頓帶著四萬美金過來交易，這酒店就將易主給他。

希爾頓立刻四處借錢，終於在離一週時限還有幾分鐘就快結束時將錢交到了店老闆手裡，從而順利成為了酒店的新主人。

他暗自感慨：沒想到少年時做過的事業，如今又被他重新拾起，也許是命運要讓他離不開酒店事業吧！

到處收購酒店的野心家

就在希爾頓的酒店開業第一天，所有的房間爆滿，連希爾頓自己的房間也讓給了客人。希爾頓大受鼓舞，還給家人打電話通報喜訊。

隨後，希爾頓又陸續收購了幾家酒店，他的心裡有了一個主意：他要建造屬於自己的新酒店。一九二五年八月四日，「希爾頓大飯店」在達拉斯落成，這是第一家正式以希爾頓命名的飯店，後來希爾頓又在美國的其他各州都建立了希爾頓飯店，最後統一形成了希爾頓飯店公司，成為了一個大集團。

希爾頓仍在收購其他酒店，在一九三七年，他將舊金山一家擁有四百五十個房間、高二十二層樓、附帶一個價值數十萬美金的豪華夜總會的酒店「德雷克爵士」買下，這是他購進的第一個大型酒店。

此後，希爾頓加快了收購的步伐，在一九三九年，他看上了當時世界上最大的飯店——芝加哥的史蒂文斯大飯店。

該飯店有三千個帶獨立衛浴的客房，宴會廳可容納八千位來賓，這一切都讓希爾頓豔羨不已，他耐心等待了六年，期間與飯店老闆洽談數次，終於以一百五十萬美金達成了收購協定。

沒過多久，他又以一千九百四十萬美元的鉅款買下了芝加哥的帕爾默飯店，到了一九五四年，希爾頓再次投入大手筆，以一億一千萬美元買下享有「世界酒店皇帝」美譽的「斯塔特拉酒店」。之所以花那麼多錢，是因為該酒店旗下有十家一流飯店，是一個連鎖品牌，而希爾頓也創造了他經營史上最昂貴的一筆支出，並也創下了當時世界上耗資最大的一筆不動產買賣紀錄。

為了得到心儀的酒店，希爾頓還非常懂得守候時機，他就像個狩獵的獅子一樣，在機會還未成熟前會按兵不動，直到成功率增大時，才會猛然出擊，一下子將獵物擒到手裡。比如為了拿下被譽為「世界酒店皇后」的華爾道夫大飯店，他竟足足等候了二十年之久！

經過多年努力之後，世界各地已經遍佈了希爾頓的象徵，希爾頓成了名副其實的酒店之王。經營酒店雖然不是希爾頓的最初夢想，但幸運的是，他最終愛上了它，並為之奮鬥終生，無怨無悔。

康拉德．希爾頓語錄——做生意需要經歷哪幾個步驟

1「**完成大事業的先導是偉大的夢想。**」

2「**信用是我生命中的血液，我絕不宣布破產。**」

3「**做生意的唯一技巧，就是如何賺了錢而又能夠使人滿意。**」

4「**微笑是公司最有效的商標，比任何廣告都有利。**」

解析：講信用、微笑經營讓希爾頓的事業越做越大，這也是實現成功的最好方法。

四十歲重新改寫人生路

柳傳志的突發「聯想」

柳傳志檔案

國籍：中國。

籍貫：江蘇省鎮江市。

出生年代：一九四四年。

職業：聯想集團董事局名譽主席和高級顧問、投資家、泰山會成員。

身價：四十億美元（截止至二〇一四年）。

頭銜：中國 IT 教父、全球二十五位最有影響力的商界領袖、中國改革風雲人物。

在中國電腦界，有一個不能被忽視的民族品牌——聯想，它是一九八四年由中科院的十一位科技人員創辦的，為首的代表就是柳傳志。

在剛創辦聯想之時，柳傳志已經四十歲了，之前他在中科院裡工作了十四年，從助理研究員做到人事局幹部，可謂是捧著鐵飯碗在生活，誰都沒想到柳傳志會辭掉穩定的工作，去凶險浮沉的商海拼搏。

在創業之初，他窮過，也被騙過，在整整十八年的時間裡，他一口好菸都捨不得抽，全部用來送人，他為何要吃這番苦頭呢？又是什麼在支撐著他一路走下去的呢？

不甘心混到老

柳傳志在青年時代正好趕上中國大陸地區的「上山下鄉」運動，他在農場鍛鍊了兩年，被調回到中科院電腦研究所工作，一直工作到一九八四年，這時候，他四十歲了。

他在中科院裡做了十三年的磁記錄電路研究，也得到好幾個獎項，但他覺得自己的工作成果一直不能被應用於實際生活，心裡難免有些失落。

一九八〇年，他的記錄器終於被陝西一個飛機試飛研究所採用，他非常高興，便開始參考國外的相關技術，這一比較下來，他又開始失望了，因為他發現自己所做的東西跟別人相比，那真是差遠了。

柳傳志覺得自己無所作為，因此內心抑鬱，他常常想：難道我就要這樣混一輩子嗎？

一天傍晚，剛下班的柳傳志騎著自行車路過北京美術館，他看著遠方的夕陽慢慢滑向地平線，心中不由得一驚：自己的人生不就像這個夕陽，雖然還未完全褪去光芒，可是黑暗卻已近在眼前了啊！

不行，我不能當夕陽，我才四十歲，不能繼續這麼渾渾噩噩地拖到六、七十歲，那樣的話，接下來的二十多年不白活了嗎？

那一刻，柳傳志忽然下定決心，他要辭去現在的工作，下海經商。

創辦第一家公司

柳傳志的機遇很好，就在他動了創業心思的時候，中科院所在的中關村裡出現了開公司的熱潮，大家都爭著當老闆。

為何人們都要摔掉鐵飯碗而去捧創業的泥飯碗呢？中科院裡的計算所長曾茂朝百思不得其解。

原來，那些公司給人驗收機器，一天能收入三、四十元人民幣，而在電腦所裡工作一個月，獎金才三十元人民幣，在如此巨大的收入差距面前，相信很少有人會不動心。

曾茂朝當即想到：能不能計算所也創辦個公司，然後解決一下所裡的資金困難問題？至於這個公司的領導者，柳傳志應該是最合適的人選。

就這樣，在一九八四年十一月一日，柳傳志與其他十名中科院計算所的科技人員一同創辦了「中科院計算所公司」，正式為民族電腦產業而努力奮鬥。

創業資金被騙走了大半

由於公司是計算所創辦的，所以在怎樣經營公司的事情上，所裡的領導者經常跟柳傳志發生分歧。

當時領導者讓柳傳志把公司變成一個總公司和數個分公司的模式，讓每個公司都獨立經營，但柳傳志不想這樣，他想開連鎖公司。

一九八八年四月，計算所公司在香港成立了「聯想科技公司」，這就是聯想集團的前身。人在外頭漂，難免不挨刀，聯想公司剛成立就遇上大事，二十萬創業資金一下子被人騙走了十四萬！這在當時看來，是非常大的一筆款項啊！

柳傳志欲哭無淚，要知道，那時候他們員工的平均薪水一個月才七十八元人民幣！沒有辦法，大家只能咬著牙硬撐，盼望著公司能早點度過難關。

有一次，一個部委從香港訂了兩百臺電腦，請聯想做驗收，結果賣電腦的香港商人找到聯想的專案經理，說要給八百港幣，請工作人員放寬驗收標準。

柳傳志和員工們都很矛盾，他們雖然缺錢，但不能違背自己的良心啊！

於是，柳傳志問港商：「如果還按原來的驗收標準走，八百港幣還給不給？」

沒想到港商說照樣會給，這下大家才放心了。

高級主管子女一律不准進聯想

靠著眾員工的努力，聯想公司逐漸在用戶中建立起很好的信譽和知名度，並將市場推向了海外，到一九九四年，公司的主機板銷售已佔全球市場的百分之十，位列中國最大生產廠商前五名。

此後，聯想的業績一路飆升，到二〇〇〇年，聯想電腦躋身全球十強，並蟬聯亞太第一，還被美國《商業週刊》評為「全球資訊科技一百強」中的第八名。

聯想之所以能有如此驚人的發展，與柳傳志的管理是分不開的，而在柳傳志的政策中，有一條最為著名，那就是不准聯想的高級主管的子女到公司上班。

柳傳志為何要這麼做呢？

原來，他認為高級主管的子女進入公司，有些管不住，有些不好管，勢必給公司帶來影響，還不如省去了這個麻煩。

柳傳志自己就以身作則，不准兒女在聯想任職，他的女兒柳青從哈佛大學讀完碩士回國後，也沒有在聯想上班，而是去了高盛公司，目前已是滴滴打車的CEO，位列二〇一五年度《富比士》亞洲商界權勢女性五十名之一。

儘管被尊稱為中國的IT教父，柳傳志依舊不滿足，二〇一四年他又涉足電商，賣起了獼猴桃，也就是俗稱的「柳桃」，在他眼裡，跨行並不難，難的是決心，和相信自己一定能成功的信心。

柳傳志語錄——如何做好一個領導者

「第一，最基本的一條是對業務的深刻理解。第二，能有非常強的目的性，採用鬥爭、妥協等不同的手法來形成一個好的管理層，這一點是領導力的重要展現。目的性要極強，要不然妥協就沒價值。第三，要制訂出更長遠的戰略，把企業帶到一個更高目標，並且懂得如何分步實現這個戰略。」

解析：說起「柳傳志式」經營就不能不說他提出的「木桶理論」和「一個指頭」理論。所謂木桶理論是指由幾塊木板組成的木桶能裝多少水取決於最短的那塊木板，企業的好壞同樣取決於企業最弱的那部分，因此要彌補企業弱點。「一個指頭理論」是指伸開手掌中指才是能紮到別人的部位，因此要培養核心競爭力。「簡略地講，首先彌補企業的弱點，然後培養核心競爭力。」現在，這已經成了中國企業爭相效仿的經營理論。

借兩百美元闖蕩世界的賭王

謝爾登的豪賭宣言

謝爾登·阿德爾森（Sheldon Gary Adelson）檔案

國籍：美國。

出生年代：一九三三年。

職業：拉斯維加斯金沙集團董事長。

身價：三百一十四億美元（截止至二〇一五年）。

頭銜：賭王、二〇一五年《富比士》全球富豪榜第十八名。

美國有一處吸金聖地，那便是深處沙漠中的賭城拉斯維加斯，去過此地的人都會知道金沙集團的威名，而該集團的創始人謝爾登·阿德爾森正是將拉斯維加斯一手打造成旅遊之城的功臣。大家若還是對謝爾登沒有印象，澳門威尼斯人度假村、世界上最昂貴酒店——新加坡濱海灣金沙酒店總該有所耳聞，這些著名的建築也正出自謝爾登的手筆。

謝爾登號稱世界賭王，每小時能賺百萬美元，他的出身一定非富即貴吧？

錯了，他在當年不過是美國波士頓的一個窮小子，創業資金也只有兩百美元，而他的第一份工作竟是在街頭擺攤賣報紙，一點都看不出如今叱吒風雲的氣勢。

兩百美元能做什麼？

在一九四五年，兩百美元是個什麼概念？

首先，要把通貨膨脹的因素考慮在裡面，當時的一美元大約相當於如今的十五美元，而如今的美國，一個漢堡約為一．五美元，所以在一九四五年，兩百美元大概能買兩千個漢堡，若一天三餐都以漢堡為食的話，可以連續吃一年半的時間。

當然，沒有人能節約到只吃漢堡不買別的東西，所以兩百美元即便在半個多世紀前，也是很小的一筆數目。

一九四五年，十二歲的謝爾登．阿德爾森借了兩百美元，開始了自己的第一次創業經歷。謝爾登出生於一個猶太家庭，他的父親是個計程車司機，家中一向清貧，以致於謝爾登想要租兩個攤位賣報紙，也得向他叔叔借錢。

少年時期的賣報生涯只能為謝爾登帶來很少一部分的收入，不過倒是為他累積了不少做買賣的經驗，也鍛鍊了他的識人和交流能力，讓他越來越有自信。

三十歲那年，他去紐約謀求出路，當了很長一段時間的媒體廣告商。

當他發現舉辦展會能盈利時，他馬上在拉斯維加斯創辦了第一屆電腦供應商展覽——COMDEX。雖然沒有名氣，參展的人並不多，但是沒有讓謝爾登洩氣。

也是他運氣好，進入二十世紀八〇年代後，電腦產業開始興旺，謝爾登抓住時機，請比爾·蓋茲、史蒂夫·賈伯斯到展會上進行演講，帶動了活動氣氛，吸引了大批觀眾，令COMDEX一躍成為全球最大的電腦展會。

內華達沙漠裡的一場豪賭

謝爾登的展會越辦越熱門，他也注意到了一個問題：每年舉辦展會時，大量的展商蜂擁而至，他們的食宿和娛樂總是沒有辦法得到很好的解決，而從目前看來，這方面或許是一個絕佳的商機！

謝爾登心想：沒有人做博奕生意，為何我不嘗試一番？人人都有投機心理，又能娛樂又能賺錢，他們難道會不樂意？

於是，他開始思索在內華達州的沙漠裡開闢一個完美的度假村，而這個設施的規劃靈感則來自於威尼斯水城。

在沙漠裡娛樂？聽起來真像天方夜譚，而謝爾登又是一個不折不扣的完美主義者，他說：「對我來說，要做，就是做到最好。如果我的財力無法支持我的計畫，那我寧可放棄。」

如果真的放棄，對他來說則意味著破產，因為他已經將每年都在盈利的COMDEX賣給了日本軟銀總裁孫正義，而且又貸款十五億美元在拉斯維加斯建造了一個「威尼斯人度假村」。

這個度假村集度假、酒店、賭場於一體，裡面有一條長達四公里的運河，河岸邊還有一個鼎鼎大名的運河廣場，「威尼斯人」也因此成為拉斯維加斯最高級的酒店。

謝爾登的賭場還未營業，他就已經在進行一場豪賭，當時遊客在拉斯維加斯住一晚，平均房價僅為威尼斯人度假村的一半，但謝爾登並不在意，他覺得「威尼斯人」有著自己獨特的吸引力，客人既然有需求來到這裡，就得為他們的需求買單。

讓亞洲人一起來娛樂吧！

謝爾登的創意很成功，拉斯維加斯一躍成為世界級的賭城，每天都在吸引大量遊客前往觀光，也讓謝爾登邁入了億萬富豪的行業。

謝爾登似乎賭上了癮，他又將目光投向了亞洲。

「亞洲人愛賭，他們希望能在賭場一夜暴富。」謝爾登說。

二〇〇四年，他決定在澳門興建金沙娛樂場，雖然美國人的年均收入是中國人的三十四倍，但這位賭王很有信心，他相信自己不會看走眼。

其實，企業家做出決策，並非真的靠直覺，前期也需要進行大量的市場調查研究，只不過他們勝在擁有更強的決斷力和預測力。

二〇〇六年，澳門賭博業的營業額達到六十九億五千美元，超越六十五億美元的拉斯維加斯，成為全球最大賭城。而澳門金沙娛樂場每張賭桌的日平均收入為六千一百美元，比拉斯維加斯的威尼斯人度假村多出足足百分之五十，這些現象不得不讓人敬佩謝爾登的前瞻性。

謝爾登趁熱打鐵，在澳門也修建了威尼斯人度假村。

有了澳門做據點，他的目光更長遠了，開始專攻東南亞，而東南亞的熱門城市新加坡自然成為他的第一目標。

二〇〇五年，謝爾登在新加坡拿到了第一張賭場經營執照，由此獲得了濱海灣金沙酒店三十年的經營權。

這家酒店以奢華著稱，人人都知道裡面有個世界最高的露天泳池，遊客可以邊游泳邊俯瞰獅城的美景，酒店也因此成為新加坡旅遊的一個熱門景點。

二〇一五年，謝爾登的財富有所縮水，在《富比士》全球富豪榜上的排名也下降到第十八名，但他依舊保持著賭客的心態，氣勢十足：「再給我一點時間，我的財富一定會超越比爾．蓋茲，成為世界首富！」

謝爾登・阿德爾森語錄——取得財富的竅門

1「只要做對的事，財富就會像影子一樣緊緊跟著你，就算你趕也趕不走。」

2「我從事的是世界上第二古老的行業，只要有人類，就有賭博。」

解析：抓住客戶心理，發現用戶需求，企業才能有所發展，而若能找到一種永遠被客戶需要的產品，則財富定會終生圍繞在創業者的左右。

35

四十二歲才開始邁出創業第一步
宗慶後的財富帝國

宗慶後檔案
國籍：中國。
籍貫：浙江省杭州市。
出生年代：一九四五年。
職位：杭州娃哈哈集團董事長兼總經理。
身價：一百零三億美元（截止至二〇一五年）。
頭銜：二〇一五年《富比士》全球富豪榜第一百二十四名。

杭州不僅有個「阿里巴巴」，還有一個「娃哈哈」，而後者在杭州駐紮了二十多年，在中國人心中已是一個響噹噹的品牌。

娃哈哈總裁宗慶後名列中國富豪前幾位，在世界富豪中也是列名之內的佼佼者，可是在二十多年前，他卻面臨著一個艱難的抉擇：是去其他公司應徵，還是把快要倒閉的工廠承包下來？最終，他選擇了後者，那一年他四十二歲，而創業所做的第一個生意，竟然是去賣冰棒……

從採茶工做到了企業經理

宗慶後是民國時期高官的後代，他的祖父是大軍閥張作霖手下的財政部長，父親在國民黨政府內部任職。

解放後，父親的過去讓他始終都找不到工作，一家五口人只能靠在杭州當小學老師的母親養活。

因為從小家境清苦，宗慶後也很懂事，知道要為家裡減輕負擔，所以在國中畢業後，他就不再念書，而是去了舟山的一個農場打工，幾年後他又去了紹興的一家茶場當採茶工。

在宗慶後的青春時光裡，唯有勞動與貧窮和他相伴，這培養了他日後艱苦樸素的作風，即便他後來成為杭州首富，也將娃哈哈總部設在一棟毫不起眼的灰色小樓裡，而且一辦公就是二十多年，從未挪動過。

在他三十三歲那年，母親退休，宗慶後得以返回杭州，並頂替母親的教職員身分當了一名紙箱廠推銷員。

回到杭州的宗慶後境遇開始慢慢好轉，他從一個業務員逐漸成為了管理者，到了一九八六年，他已經是杭州上城區校辦企業的經銷部經理了。

借十四萬鉅款賣冰棒

在二十世紀八〇年代後期，中國的經濟制度發生了翻天覆地的變化，不少國有企業出現了虧損倒閉的狀況，於是有些國有企業慢慢改組成私有制企業，而一些膽大的人則下海經商，成了中國內地第一批私人企業老闆。

在這批人中，就有宗慶後。

可是宗慶後並不是主動下海的，他的創業之路多少有點無奈。

在一九八七年，他所任職的校開工廠因經營不善而瀕臨破產，宗慶後想來想去，覺得當前國有企業普遍不景氣，到那裡工作並沒有很好的發展，還不如自己開工廠，或許會有轉機。

於是，他在那個炎熱的夏天四處借錢，好不容易湊到了十四萬人民幣，就騎著自己破舊的自行車，去工廠裡辦交接手續。

很快，工廠買回來了，可是還得裝修招募，前期得花費不少。

宗慶後不敢亂花錢，他簡單地粉刷了一下廠裡的牆壁，又添了幾張辦公桌椅，還招了兩名退休老師，前前後後花了幾萬塊錢，如果不馬上盈利的話，只怕本錢很容易就被花光了。

靠什麼賺錢呢？

當時正值酷暑，工廠又緊臨著學校，宗慶後便想到了做冰棒生意。他進了一些冰棒、汽水、作業本等小物，然後再以零售的方式賣給學生。

不過，這些東西實在是本小利微，很難盈利，宗慶後每賣出一根冰棒才賺幾錢，這讓他非常苦惱。

唯有賣自己的產品才是正道

既然已上商船，就得用力開船，哪怕前方浪再大，也得努力去嘗試，這是宗慶後的想法，他從不認輸。

一年又一年，宗慶後到處拉客戶，開始為別人代加工產品，這樣的話，加工費比小商品零售賺得的利潤要多很多，宗慶後的心頭大石終於能放下了。

這一年，宗慶後居然有了十幾萬元的進帳，廠裡的員工都歡呼不已，覺得好時光馬上要開始了，可是宗慶後依舊眉頭深鎖，他覺得幫別人生產產品不是長久之計，有自己的商品才是正道。

一九八八年，宗慶後的企業研發出一種適合兒童吸收的營養液，這種產品不僅能有效解決兒童的厭食偏食問題，而且口感很好，受到了很多媽媽和孩子的歡迎。

靠著該產品，宗慶後在第二年果斷成立娃哈哈營養食品廠，大量投產娃哈哈兒童營養液，由於當時市面上的食品種類很少，所以他的產品一經投放，就贏得了極高的知名度。

此後，宗慶後的企業規模越來越大，並在中國各地建立了一百六十多家分公司，先後生產出八寶粥、純淨水、非常可樂、奶粉等新產品。

二〇一二年，六十七歲的宗慶後以六百三十億人民幣坐上了中國首富的寶座，有媒體去採訪他，約他在西湖邊喝茶，他到達採訪地點後竟然驚呼：「我在杭州這麼多年，竟然不知還有這麼好的地方！」

確實，在二十多年裡，宗慶後馬不停蹄地忙著，根本沒有時間娛樂，對他而言，何時創業並不是關鍵所在，而浪費時間才是一個企業家最大的敵人。

宗慶後語錄——如何贏得市場

1「沒有疲軟的市場，只有疲軟的產品。我一直堅信企業盈利要靠產品去驅動，而快速消費品領域的遊戲規則是不進則退。這個行業的最大挑戰就是經常遇到同質化競爭。同質化競爭在金融危機中，甚至給弱勢企業帶來災難性打擊。」

2「我愛好大眾化品牌，以為應當製作消費者感到物廉價美的產品。假如產品價錢很高但只能少數人消費，也不能算什麼名牌。」

解析：當別人一直在模仿你，卻從未超越你的時候，你就成功了。

失意時曾是「中國罪人」

李寧的商業體育精神

李寧檔案

國籍：中國。

籍貫：廣西壯族自治區來賓市。

出生年代：一九六三年。

學歷：北京大學光華管理學院EMBA。

榮譽：十四項世界冠軍、一百多枚金牌。

職業：李寧（中國）體育用品有限公司董事長。

身價：一百一十億人民幣（截止至二〇〇七年）。

頭銜：體操王子。

二〇〇八年八月八日，整個世界的目光都聚焦在北京國家體育場上，在這裡，北京奧運會開幕儀式正在舉行，在聖火即將點燃的那一刻，一位身姿矯健的中年男子手舉聖火，吊在空中繞場一周，將大火炬點燃，象徵著第二十九屆奧運會拉開帷幕。

這個男人就是李寧，在三十年前，他的身分是體操冠軍，而在三十年後，他則是中國體育用品著名品牌李寧的掌門人。

從運動員到商人，李寧的轉變帶有很大的偶然性，當年他從一個奧運冠軍一下子成了「中國罪人」，體育生涯毀於一旦，然而他沒有放棄那股奮力拼搏的體育精神，才能創造出今日的商界輝煌。

在一片罵聲中黯然退役

做為一名體操運動員，李寧的輝煌期在一九八四年，那一年，他是新中國首次參加奧運會的代表之一，摘得三金二銀一銅，成為當屆奧運會上獲獎最多的中國運動員。

榮譽紛至遝來，但傷痛也悄然而至，由於中國的體操事業還不成熟，加上對領獎臺的貪戀，李寧仍舊負傷上陣，期望能繼續從前的好成績。

人生是那麼無常，僅僅過了四年，在一九八八年的漢城奧運會上，李寧一下子從巔峰跌入了低谷。

他在吊環比賽中腳掛在了吊環上，又在跳馬比賽中不慎跌坐在了地上。

那一刻，李寧的心都涼了，可是他知道必須保持樂觀的情緒，不能影響隊友的發揮，於是他便鎮定地一笑，想將失意的情緒淡化掉。

沒想到，這一笑卻引來軒然大波，國人的罵聲接踵而至，說李寧在丟中國人的臉，一位觀眾甚至寄來了一根繩扣，還附帶上一句讓他傷心不已的話：「李寧，你不愧是中國的──體操亡子，上吊吧！」

其實，李寧在比賽一結束就與隊友們抱著哭成了一團，他沒想到自己居然會接連犯下重大的失誤。

由於心情抑鬱，在回國下飛機時，李寧沒有隨隊員一起進入大廳，而是獨自一人默默地從灰色通道中走出去，不過他還是被機場工作人員認了出來。於是諷刺之聲再度傳到他耳朵裡：「哪兒不好摔，偏偏要往奧運會上摔！」

這條通道，李寧走了五分鐘，但他卻覺得走了一個世紀，也就是在這五分鐘裡，他知道自己已不再適合當一個運動員，他的人生，從此即將走上另一條道路。

為推廣品牌他把處長給說哭了

李寧在最失落的時候遇到了一個貴人，那就是中國大陸知名飲料品牌健力寶的掌門人李經緯。

李經緯藉助奧運會發跡，將健力寶與體育界聯繫在一起，在創業第二年就讓營業額猛增至五千萬，眼前健力寶亟待擴大業務，他需要一個靠得住的合夥人。

當李經緯在電視上看到李寧的微笑時，他深深為李寧的大將風範所折服，覺得李寧是塊經商的材料，因此便手捧鮮花，去機場迎接李寧。

李寧很意外，但他別無選擇，第二年就成了李經緯的特別助理，預備籌劃一個以自己名字命名的服裝品牌——李寧。

由於人脈廣泛，李寧自己的信譽也好，李寧牌服裝一經推出就發展驚人，逐漸能跟健力寶平分秋色，而李經緯沒有絲毫忌憚之心，讓李寧十分感激。

一九九〇年，亞運會將在北京舉行，得知這個消息的企業紛紛摩拳擦掌，欲買斷火炬的傳遞權。健力寶也想傳遞火炬，可是企業只能出得起兩百五十萬人民幣，而競爭至少需要三百萬美元，另外競爭對手也很有名氣，如日本的富士、韓國的三星等。

李寧不想放棄這個機會，正如他當年帶傷參加奧運會一樣，他堅信自己可以說動火炬處處長。於是，他找到處長，談論起自己為何要創辦體育服裝，都是因為不想在領獎臺上讓運動員穿外國的品牌。

他還舉了個例子——將奧運會變成商業活動的美國人尤伯羅斯，此人「唯利是圖」，卻唯獨把奧運火炬的傳遞權留給了美國的企業，這說明在愛國主義面前，金錢是那麼的微不足道。

李寧看著處長的眼中已經泛起點點淚光，再度趁熱打鐵道：「中國人擁有五千年的愛國史，難道我們連尤伯羅斯都不如嗎？」

處長感動得流下熱淚，答應將傳遞權交給李寧。

結果，在亞運會的一個月時間裡，李寧和健力寶頻繁出現在電視機裡，讓二十五億中外觀眾都知道了這兩大品牌。

十年後不再讓悲劇重演

李寧品牌發展得十分順利，李寧也不再甘心當健力寶的附屬機構，就在一九九三年脫離了健力寶，自己單打獨鬥。

當然，他在做這個決定之前，內心十分掙扎，因為沒有健力寶就沒有李寧，他不想被別人說成是忘恩負義。

可是李經緯沒有怪罪李寧，於是和平「分手」，李寧將總部搬到了北京。

一九九七年，李寧競爭曼谷亞運會「唯一指定領獎裝備」，意外落敗給剛復出僅一年的中國公司格威特。

李寧頓時恐慌起來，他想起十年前的奧運會，不禁產生了這樣一個想法：難不成是十年一輪迴？命運的滑鐵盧已經再次到來？

然而，這一次，李寧依舊沒有亂了陣腳，他再次拿出不服輸的體育精神，在失利僅三天後就與中央電視臺體育頻道簽了一份協定，約定在二〇〇七～二〇〇八年賽事節目的所有主持人和記者出鏡時都必須身穿李寧牌服裝。

誰都知道二〇〇八年北京將會舉辦第二十九屆奧運會，李寧的這一舉措極為成功，屆時全世界幾十億人口將會在電視機前看到李寧的Logo。

在打贏了這場漂亮仗後，李寧下一個舉動又十分驚人：他將公司交給了陳義紅打理，然後跑到北大去讀書充電，讓沒有李寧的「李寧」真正地發展壯大。

如今的李寧早已擺脫歷史罪人的帽子，讓自己的品牌位列中國體育品牌的前幾名，但他不會滿足，他的骨子裡從來都有一份運動員的拼搏精神，這種精神將支持他一直在商海前進下去，永不言棄。

李寧語錄——什麼是創業的體育精神

1「只要有理想、肯付出，一切皆有可能！」

2「體操比賽不是直接的對抗，沒有身體的接觸，每一個運動員都是努力讓自己更完美。我一直也在把這種理念帶到我的公司。」

3「不做中國的NIKE，要做世界的李寧。」

解析：把一切不可能變為可能，把生意做到全世界，這才是李寧品牌的終極追求。

億元債務也敵不過真情可貴

鍾鎮濤背後的女人

范姜檔案
原名：范姜素貞。
國籍：中華民國。
出生年代：一九六五年。
丈夫：香港歌手鍾鎮濤。
職業：歌手、STAR 品牌商店老闆。
年盈利：兩千五百多萬港幣。

二〇一四年八月二十六日的峇里島，一場盛大的婚禮在下午一點舉行，當天明星雲集，諸如關之琳、張學友等藝人都潸然淚下，原來他們參與的是鍾鎮濤和范姜的婚禮。

范姜原是鍾鎮濤的歌迷，小鍾鎮濤十九歲，她其實家境闊綽，卻在認識鍾鎮濤後一無所有，連自己的鑽戒都要拿出去變賣，因為鍾鎮濤炒樓失敗，欠下兩億五千萬港幣，宣告破產。

在面對這麼一筆鉅債時，范姜沒有退縮，她自己開起品牌店，幫助丈夫還了一半的債務，當時

全香港沒有一家餐廳肯為他們服務。而今在范姜的幫助下，鍾鎮濤終於還清債務，開始了新生活，難怪他現在總愛說，自己娶了個旺夫的老婆！

剛認識鍾鎮濤就破產

范姜原本也是一名歌手，少女時接受過專業的舞蹈培訓，後來到法國進修舞蹈課程，一九九六年回到臺灣，她擔任了傳播公司的節目製作人。

就在那一年，她認識了鍾鎮濤，隨後身分也發生了重大改變，不僅後來成了對方的妻子，而且還從事起自己並不熟悉的服裝銷售，儼然成了個商界女強人。

一九九六年的時候，鍾鎮濤正處於焦頭爛額的狀態中，而煩惱的關鍵則在於他的前妻章小蕙。一九八八年，鍾鎮濤在國外結識了章小蕙，瞬間驚為天人，相識僅三個月就與對方邁入結婚殿堂。衝動是魔鬼，他到後來才明白過來。

婚後章小蕙拜金的本性浮出水面：十幾萬的衣服可以穿一次就扔掉，家裡的名包名鞋堆積成山了依舊花錢如流水。

人生總有不得志的時候，鍾鎮濤不能保證自己總能賺那麼多錢供章小蕙花呀！他想勸對方，卻總是發展成爭吵，而章小蕙絲毫不受影響，照樣揮金如土。

一九九六年，也就是范姜認識鍾鎮濤的那一年，章小蕙對炒房地產著了迷，先後花一億五千兩百萬港幣購入五幢豪宅。

豈止時運不濟，第二年就爆發了金融危機，房地產大崩盤，即便章小蕙抵押所有豪宅，也依舊產生了兩億五千萬港幣的負債。

章小蕙搞出一個爛攤子讓鍾鎮濤接著，卻在一九九八年跟另一個富商陳曜旻相戀，這讓鍾鎮濤忍無可忍，夫妻二人在一九九九年離婚，而鍾鎮濤需要面對的，是鉅額的還款。

其實早在一九九八年，他已經很窮了，連房租也繳不起，兩個子女在學校也被人恥笑，朋友們都勸鐘鎮濤申請破產，可是他念在自己是二十世紀八〇年代的大明星，始終拉不下這個臉來。

人在現實面前始終是要低頭的，四年後，鍾鎮濤還是沒辦法熬過去，不得不向法院申請破產。

昔日天王飽嚐人間冷暖

破產令在二〇〇二年十月執行，到二〇〇六年十月期滿，這期間，鍾鎮濤所賺的所有收入都要上交香港破產局，破產局則根據他的生活需要發放一定的補助金。

昔日叱吒風雲的歌壇天王，如今卻要像普通人一樣地擠公車、擠捷運，而且即便破產期滿，還是需要從頭再來，鍾鎮濤這樣的條件，有幾個女人能受得了呢？

可是范姜卻義無反顧地決定留在鍾鎮濤身邊，就因為一個「愛」字，她決定要跟男友共度難關。

自從破產後，鍾鎮濤每天收工後都會去菜市場買菜，有一次，他想帶一家人去外頭吃一頓好久未吃的日本菜，當他們興高采烈地來到餐廳時，服務員卻冷冰冰地說：「餐廳都被人訂位了，你們再等等吧！」

范姜往餐廳裡望去，發現有不少位置是空的，而且客人也少，她很生氣，拉著鍾鎮濤就要走，鍾鎮濤卻說：「沒事，再等等吧！」

這一等就是半個鐘頭，服務員終於帶領他們入了座，可是在點菜時，鍾鎮濤再度受到羞辱，無論他點哪道菜，服務員都說沒有，還沒好氣地對他說：「想清楚了哦！你們吃不起的話，就不要吃了！」

諸如此類的事件真是不勝枚舉，雖然好人也有，但惡言惡語更容易觸痛人心。

為了幫助男友，范姜自己也變窮了，她還把鎖在保險櫃裡的鑽石戒指拿出來變賣，當鍾鎮濤得知此事後，心痛地流下眼淚：「以後我一定要給妳買戒指，很多的戒指！」

他沒有食言，破產令結束後，兩億五千萬鉅款竟然被還清了，而范姜也收到了男友的昂貴戒指，這一驚人的變化要歸功於范姜和她的STAR品牌店。

用明星二手衣分擔一億多債務

在鍾鎮濤申請破產令後，范姜下定決心要幫男友分擔一半債務。她想快速賺錢，最好能在破產期結束就把債還清，不過該做什麼好呢？

范姜的人際關係不錯，她和很多明星都是朋友，有時她去那些明星家裡做客，經常會聽到諸如此類的一些嘆息：「這些衣服是贊助商贊助的，可是穿在大街上似乎有點不合適呢！」

范姜便想開一家專門賣明星二手衣的商店，地址則選擇北京聚集時尚年輕人最多的地方——三里屯。

很快，「STAR」的招牌就在三里屯樹立起來，范姜還認真做了分析，她覺得三里屯酒吧林立，年輕人大多晚上過來消費，所以她的品牌店也應該配合顧客的需求，在傍晚開店。

於是，「STAR」每晚六點到凌晨二點開業，目標客戶為喜歡新潮的追星一族，店內擺滿了明星用過的物品，范姜還以鍾鎮濤的名號幫店面宣傳，讓「STAR」一開張就吸引了眾多顧客。

結果，開業僅三天，品牌店就斬獲頗豐，一個梁詠琪的狂熱歌迷還以兩萬八千元的高價買走了一條自己偶像在幾年前參加 MTV 頒獎大典時穿過的晚禮服。

這件禮服是 CD 當年贊助給梁詠琪的，被范姜以一千兩百港幣的價格購入，沒想到如今的售出價居然增加了四十倍！

在開業的第一個月，「STAR」的純利潤超過了百萬元，這讓范姜越來越有信心，也做得越來越起勁。

靠著范姜和鍾鎮濤的一起努力，四年後，那筆兩億五千萬港幣的鉅額債款終於還完，其中范姜幫鍾鎮濤還了近一半的錢！

除了為夫打拼外，范姜還幫鍾鎮濤生了兩個女兒，兩人感情長跑十七年終於修成正果，在范姜的身上，我們明白了旺夫女的標準，她也用自身行動證明了，愛情與事業，一樣可以兼顧且生活幸福。

范姜語錄——追憶破產期

「那段日子非常艱難，當時全香港都知道他破產了，本來一個呼風喚雨的大明星，一時間竟被所有人都看不起，誰都不給我們好臉色看，連我們請來做家事的工人也怕我們拿不出錢。」

解析：人生不得意十之八九，雖然逆境折磨人，但也有一點是好事，那就是能鍛鍊一個人的心智，同時讓他認清身邊的真假朋友，唯有落難時能拉你一把的，才是值得交往的人。

居無定所的會計竟成富豪座上賓

胡潤的名流製造

胡潤檔案
英文名：Rupert Hoogewerf。
綽號：榜爺。
國籍：英國。
出生年代：一九七〇年。
職業：會計、《胡潤百富》董事長。
頭銜：二〇〇二年度新銳人物。

關注財富和創業的人應該都知道在中國有一個「胡潤財富榜」，其性質如同美國的「富比士財富榜」，每一年榜單發佈時，都能在數億中國人中引發巨大轟動。

也許有些人還不知道，創造百富榜的胡潤是個外國人，他叫胡潤，當年是單槍匹馬闖入中國的，在證券公司當一個小小的會計，沒想到幾年後竟能與中國的億萬富豪站在一起！

靠著一顆聰明的頭腦和一張能言善道的嘴，胡潤實現了人生的重大轉折，當初沒有富豪看得起

他，如今卻爭相邀請他參加聚會，因為他成就了富豪們的名譽夢想，他也因此靠著中國財富圈風生水起、揚名海外。

怎樣才能跨入中國的富豪圈？

身為一個企業家，每天時刻記掛的，就是顧客的需求，只有他的產品被消費者所需要，他的生意才能越做越大，財富才能滾滾而來。

可是，當中國富豪們創造財富之時，有誰能知道並滿足他們的需求呢？

胡潤，這個從英國來的小夥子敏銳地洞察出富豪們的心理，他給自己取了一個和山西神話人物——元寶財神相同的名字，就是為了展現自己的職業性。

在英國，胡潤的父親是會計，母親則是家庭主婦，這樣的家庭註定只能解決生活的基本溫飽問題，富貴對胡潤來說，似乎遙不可及。

一九九八年，胡潤因赴日本留學而來到了亞洲，當得知日本深受中國影響時，他逐漸對中國的文化產生了濃厚的興趣，並且回國後就選修了中文，決定再到中國見識一下。

兩年後他如願以償，到中國人民大學深造了一年，畢業後他成了一名會計，並依靠自己熟練的中文來到上海上班。

雖然遠離家鄉，租著房子，領著一份不高的薪水，但胡潤認為自己在中國的經歷可以為他的職業生涯「鍍」一層金，因此無怨無悔，他認為待到回國後，也許就能做一個中產階級了。

可是就僅此而已嗎？

胡潤身邊的中國朋友們一個個地下海經商，有些人成功了，容光煥發，那狀態和從前大不一樣，胡潤感覺到了差距，他不甘心做一輩子的上班族。

從一九九〇年到二〇〇〇年，胡潤來中國十年，他親眼目睹了一個個創業奇蹟的發生，也明白中國的富豪正在逐漸增多，如今他也想成為那些富人中的一員，可是怎樣才能打入中國的富豪圈呢？

打造中國第一份富豪名單

人人都想創業，可是創業有多難，大家又都很清楚。

一直以來，胡潤從事的都是專業性很強的工作，要讓他下海，除非改行，可是做自己不拿手的事情，既需要時間也需要經驗，哪有那麼容易呢？

一九九九年，當胡潤翻閱一份財經類的報紙時，眼神突然一亮，原來他正巧看到一則報導某家知名公司上一年業績的新聞。

時代不同了，酒香也怕巷子深，富豪們也需要宣傳哪！再說，人一旦富有，就想擁有名望，為何不排一個財富榜來滿足中國富人的需要呢？

是的，國外早在二十世紀七〇年代就有了富比士財富榜，可是中國在改革開放近二十年後卻始終沒有類似的排名，也許這是一個很好的創業機會呢！

胡潤興奮起來，他手頭可沒那麼多創業基金，而打造富豪榜只需要費點時間和精力，也和他的專業有關，真是再好不過了。

幾個月後，在翻閱了一百多份報刊雜誌及上市公司的公告報表後，胡潤推出了中國的第一份財富排行榜。

雖然有榜單，但也需要一個有影響力的管道去宣傳推廣，那才能被眾人所知啊！

胡潤抱著「試一試」的心態給《金融時報》、《經濟學人》、《商業週刊》和《富比士》之類的財經媒體發去傳真，希望自己的榜單能得到專業管道的承認。

沒想到《富比士》還真的給他回了信，同意與他合作一次，胡潤欣喜萬分，他的付出終於有了回報！

一開始沒有一個富豪想見他

儘管胡潤的富豪榜上全是歐美讀者不熟悉的中國企業家，但西方人在瞭解到中國居然有那麼多富翁時，一個個都興趣十足，還向《富比士》致電詢問中國富豪的相關經歷。

胡潤的好日子很快到來，《富比士》再度登門造訪，邀請胡潤完成「中國五十財富人物排行榜」。

有了《富比士》這一強大媒體的支持，胡潤更有信心，他辭去了原來的會計工作，為自己重新印了名片，上面寫著「《富比士》雜誌中國首席調研員」，他以這個身分開始了自己的新人生。

胡潤將榜單上的富豪人數擴充至百人，這便是「百富榜」的前身，他還積極聯絡那些富豪，希望能獲得更準確的財富資料。

沒想到，他吃了一個閉門羹，沒有一個富豪想見他，甚至都不接他電話，一連三年，胡潤都是自己在閉門造車，打造出了一個又一個榜單。

好在他的名氣越來越大，有不少富豪和名流都聽說了胡潤這個名字，二〇〇二年，胡潤被中國媒體評選為「年度新銳人物」，連中國知名人士姚明、邵逸夫都不是他的對手。

與《富比士》決裂後的重生

胡潤覺得自己名氣已經具備了一定的商業價值，為何不用「胡潤」這個名字來謀求一條生財之路呢？

在朋友們的鼓動下，他決定出一本書，並冠以「富比士」的中文名。

此舉遭到了《富比士》的斷然拒絕，因為對方認為胡潤是在藉雜誌社的名義為自己斂財。

胡潤只好又想了一個辦法，他將書名訂為《胡潤製造》，而將書商冠名為《富比士二〇〇二中國百富》，他覺得既然是自己的東西，這樣做也無不可。

沒想到，《富比士》那方勃然大怒，很快就給胡潤寄來了律師函，要求胡潤立即停止盜用「富比士」的名號，否則將視為侵權處理。

因為一本書，胡潤終於與《富比士》決裂，後者在二〇〇二年底高調宣布將在中國設立辦事處，進軍中國的龐大市場。

胡潤這才明白，自己不過是當了《富比士》商業計畫中的一顆臨時棋子而已，他決心要徹底擺脫對方的影響，好好大幹一場。

在二〇〇三年，他不僅註冊了自己的公司「亞潤智源」，還設立了《中國財富品質論壇》，同時他的財富系列叢書也在市場上十分暢銷，在脫離《富比士》後，胡潤竟然有了更大的發展空間。

當年的七月，他竟然邀請到當時的英國首相布雷爾出席《中國貨幣》企業家峰會，令所有的商政界人士都感到吃驚。

參與峰會的均為中國企業界的泰山北斗，胡潤以一個後起之秀的身分出入在名流中間，竟受到熱烈歡迎，富豪們似乎都忘了曾經是怎樣拒絕胡潤的，胡潤儼然成了他們的座上賓。

從居無定所的小會計，到名聲在外的財富圈紅人，胡潤依舊在不斷探索，他成立的財富研究機構現在已經放眼全球，讓中國富豪與全世界接軌，打造出一份全球富翁排行榜，這無疑讓中國的富人們喜出望外，也讓整個中國揚眉吐氣。

如今胡潤已在中國成家立業，他的中產階級夢想早就得以實現，並被大大超越，這便是一個好的創業思路所帶來的成效，在胡潤身上，他完美地演繹了什麼叫做「空手套白狼」。

胡潤語錄——對中國富豪的建議

1「按中國人的傳統觀念，公開做慈善會顯得太高調，可是事實上，某一個地方的首富如果不參與當地的慈善事業，必然會飽受質疑，做為世界首富的蓋茲當年也有過類似的經歷。」

2「企業家沒必要打拼到二十億元以上，進胡潤富豪榜，那麼多錢沒什麼用的，你們根本花不了，七千五百萬元左右挺合適了。」

解析：中國的富豪具有濃重的中國特色，這也是胡潤排行榜引起西方關注的一個重要原因。

39

馬雲的商業模式

面試屢次遭拒的「外星人」

馬雲檔案

國籍：中國。

籍貫：江蘇省杭州市。

出生年代：一九六四年。

職務：阿里巴巴集團、淘寶網、支付寶創始人兼董事長。

身價：兩百二十七億美元（截止二〇一五年底）。

頭銜：中國網路領軍人物，二〇一五年《富比士》全球富豪榜第三十三名、亞洲首富。

至今，在中國大陸地區的網路上仍流傳著一段傳言。

某男聲稱自己當年去杭州謀求發展，在西子湖畔吃燒烤時偶遇一位名叫馬雲的男子，馬雲侃侃而談，說自己開了一家 IT 公司，誠摯邀請對方加盟，並遞出一張名片，結果該男子覺得馬雲長相醜陋、狀甚「猥瑣」，就沒再搭理人家。

結果，美國時間二〇一四年九月十九日，阿里巴巴正式在美國紐約證券交易所掛牌上市，消息一出，整個亞洲為之轟動，而當年嫌棄馬雲長相的那名男子，已是後悔極了。

不管這傳言是否屬實，馬雲確實曾因特殊的長相而四處碰壁，但他沒有放棄，最後獲得的成就令所有人羨慕不已，而他的商業模式也引領了中國的IT事業，如今正被越來越多的創業者效仿著。

上帝關門時把窗戶也關上了

如果馬雲沒有成功，他的境況絕對讓當今每一個在社會上掙扎的人絕望：家庭一般，成績不好，連相貌都像外星人。

有句諺語說：上帝在關上一道門的時候，一定會為你打開一扇窗，可是對馬雲而言，上帝一定是記性不好，把窗戶也關上了！

馬雲從小不愛讀書，只愛打架，成績糟糕透了，光國小考知名的初中就考了三次，最後還是沒考上。他自己倒是滿不在乎，還說成績不好的學生腦子靈活，將來一定有大出息。

於是，他在第一次高考時大筆一揮，在志願欄裡填下了「北京大學」這四個字。

結果現實果然令他失望，他不僅沒考上，反而還創造了人生的第一個奇蹟：數學考了一分！

高考落榜後，馬雲就不想重考了，他要去找工作，而他夢想中的職業有兩個，一個是酒店服務員，另一個則是員警。

就在馬雲興致勃勃遞交履歷的時候，他沒有發現那些面試官正在以極為挑剔的眼神觀察著他的外貌，接下來，無論他怎樣流利地回答問題，都不能讓面試官滿意，所以他努力良久，始終沒找到一份合適的職業。

難怪現在有傳出許多大學生在畢業後做的第一件事就是整形，把自己整得漂亮點，求職的機會更大，如果馬雲早點悟出了這個道理，也許他就能在找工作時如願以償了，但這樣一來，他也就不會擁有如今的傳奇人生了。

第一次下海就吃了敗仗

高考失敗，讓馬雲第一次知道要量力而為，於是他降低了報考要求，卻仍經歷了兩次考試，才最終進入杭州師範學院。

儘管似乎集所有缺點於一身，馬雲好歹還擁有一個愛冒險的優點。他十二歲那年，忽然想到要學英語，當時他的親戚都覺得奇怪：一個小孩子，長成這樣，將來還不知在哪兒給人蹬三輪車呢，學那洋文幹嘛？

馬雲後來確實蹬了一段時間的三輪車，但他始終沒放棄對英語的學習。

恰逢一九七九年改革開放，很多外國人來到了杭州，馬雲頓時抓住了機會，不停在西湖畔找尋「黃頭髮」練習，這段經歷對他以後的事業發揮了很大的幫助。

一九八八年，馬雲畢業了，他的第一份工作就是教外語，月薪為一百一十元人民幣。在那個時代，教師這一職業還是個鐵飯碗，令很多人羨慕，可是馬雲卻說：「錢太少了。」為了證明自己的價值，他開始在業餘時間為外國遊客擔任導遊，希望能改善全家人的生活。

一九九二年，他和朋友成立了西湖邊的第一個專業翻譯社——海博翻譯社，算正式下海當上了「董事長」。

可惜翻譯社在第一年就陷入絕境，當時馬雲一個月的營業額是兩百元人民幣，而房租就高達七百元人民幣，為了讓經營維持下去，馬雲咬咬牙，獨自背著蛇皮口袋去義烏、廣州進貨，回杭州後擺地攤賣小禮品、鮮花包裝等，當時他或許沒想到，恰恰是這段最艱難的經歷，給了他日後開創電子商務模式的啟迪。

一晃三年過去了，翻譯社終於勉強維持收支平衡，而馬雲的人脈漸廣，一家中國建築公司請他去美國幫自己收帳，馬雲沒有考慮太多，又興致勃勃地搭上了前往大洋彼岸的飛機。

孰料見到美國欠款人後，對方掏出一把手槍，把馬雲關進了小黑屋，在度過了驚慌失措的兩天後，身無分文的馬雲跑到拉斯維加斯賭場，贏了六百美元的回國路費。

誰都以為網路元老就這麼沉寂了

做為一個創業者，沒有前瞻性和開拓精神，是無法成功的。在這一點上，馬雲值得所有人學習。早在二十世紀九〇年代中葉，網路還是個方興未艾的新產業，馬雲就想在這一行開創一片全新的天地，即便他當時對網路一無所知。

回憶當年，他甚至說自己害怕觸摸電腦鍵盤，因為「怕把它弄壞了，誰知道這玩意兒值多少錢呢？」

沒有技術，沒有資金，「杭州十大傑出青年教師」之一的馬雲，毅然辭掉鐵飯碗，借了兩千美元外債，開辦了一家網路搜索公司——中國黃頁，這也是中國第一批 IT 公司之一。中國有句古話叫「槍打出頭鳥」，但在如今這個時代，走在別人前面卻意味著擁有更多的資源。

當時馬雲租了一整層樓來開公司，這在外人看來可謂春風得意，實則他心裡清楚：這不過是個小公司，生死未卜。

果然，三年不到，公司倒閉，失意的馬雲來到了首都北京，想重新開始。

他胸前掛著一個大包，包裡塞滿了資料，開始穿梭於各大機關單位，向官員們宣傳自己的想法。當時他的樣子與一個推銷員無異，而且他的相貌甚至可以說連推銷員都不如，往往要好說歹說才有人肯搭理他一下。

在北京的兩年時間，他創辦了外經貿部官方網站、網路中國商品交易市場、網路中國技術出口交易會、中國招商等一系列國家級網站，並引起了雅虎、新浪等網路公司的注意，這些公司的高層向馬雲開出高薪，邀請他加盟。

馬雲卻始終保持一份清醒，此刻，他的心頭千迴百轉，尋思著網路的未來出路在哪裡。難不成要靠廣告盈利嗎？不對！這是傳統網路的思維模式，不能這樣搞！等著別人來送錢，太被動了！

馬雲決定另闢蹊徑。

一九九九年初，他離開了北京，一路南下，希望能找到一個可供發展的新城市。孰料命運和他開了一個玩笑，他找了幾座城市，都感覺失望，最後回到了家鄉杭州，在這個熟悉的城市，一股豪情在馬雲胸中噴湧而出，他發誓要顛覆過去的一切。

而這時，人們還在長吁短嘆，以為馬雲這個網路先驅灰頭土臉地回到老家，再無出頭之日了。

六分鐘獲得第一筆鉅額投資

馬雲的新公司建立起來了，名字叫「阿里巴巴」，當時很多人不明白，為何馬雲要取這麼一個鄉土氣息的名字，他卻笑著調侃：「從我外婆到我兒子，他們都會讀這個名字。」

馬雲憑著自己的人格魅力，招募了十八位創業元老，這其中包括了他的妻子、同事、學生和朋友，也包括行業內的各路精英。

擁有耶魯大學經濟學士和法學博士學位的蔡崇信，放下年薪七十萬美元的外資企業工作，以合夥人的身分擔任阿里巴巴的首席財務長，每個月的薪水只有五百元人民幣，他的到來讓阿里巴巴真正步入了有序營運的軌道，也讓阿里巴巴獲得了如今巨大的成就。可以說，是馬雲成就了其他合夥人，但也可以說，是其他合夥人成就了馬雲。

隨後，千禧年即將到來，馬雲的機會也來了。

當時雅虎成功上市，引起了日本著名投資人孫正義的注意，他立即對助手表示，自己對中國的網路市場很感興趣，要找人投資。

於是，孫正義找來了中國所有的網路公司負責人，卻訂下一個格外苛刻的規定：只給那些負責人六分鐘的介紹時間，然後自己去決定是否投資。

馬雲也在孫正義面見的人裡面，也許他沒抱多大希望，就穿著一件破夾克，手拿半張紙去見孫正義了。

結果孫正義見到馬雲的第一眼，就犯起了嘀咕：這人怎麼長成這樣？

沒想到接下來的六分鐘，馬雲的想法讓孫正義刮目相看，孫正義自己也沒想到，他居然爽快地答應要給馬雲兩千萬美元的鉅額投資，於是，阿里巴巴正式成為中國第一家電子商務平臺。

馬雲多年的努力，現在得到了快速的回報：二〇〇三年，淘寶成立；二〇〇四年，支付寶推出；二〇〇五年，阿里巴巴收購雅虎在中國的營運權；二〇一四年，阿里巴巴歷經十年終於在紐約證交所掛牌上市。

與此同時，馬雲的財富已經超過了李嘉誠三億美元，成為新一屆的亞洲首富，而他一手創下的阿里巴巴，市值達到了驚人的兩千五百九十億美元，超過了美國知名電商亞馬遜和eBay的總和。

在一片掌聲和讚美聲中，誰又曾想到，成功的背後是近三十年的努力付出，當年的「外星人」，如今看誰能再敢笑他？

馬雲語錄——關於成功的步驟

1「今天很殘酷，明天更殘酷，後天很美好，但絕大部分人是死在明天晚上，所以每個人不要放棄今天。」

2「注重自己的名聲，努力工作、與人為善、遵守諾言，這樣對你們的事業非常有幫助。」

3「一個方案是一流的主意加三流的實施；另外一個方案，一流的實施加三流的主意，哪個好？我和孫正義選後者。」

4「服務是全世界最貴的產品，所以最佳的服務就是不要服務，最好的服務就是不需要服務。」

解析：說到不如做到，成功要有強大的執行力。

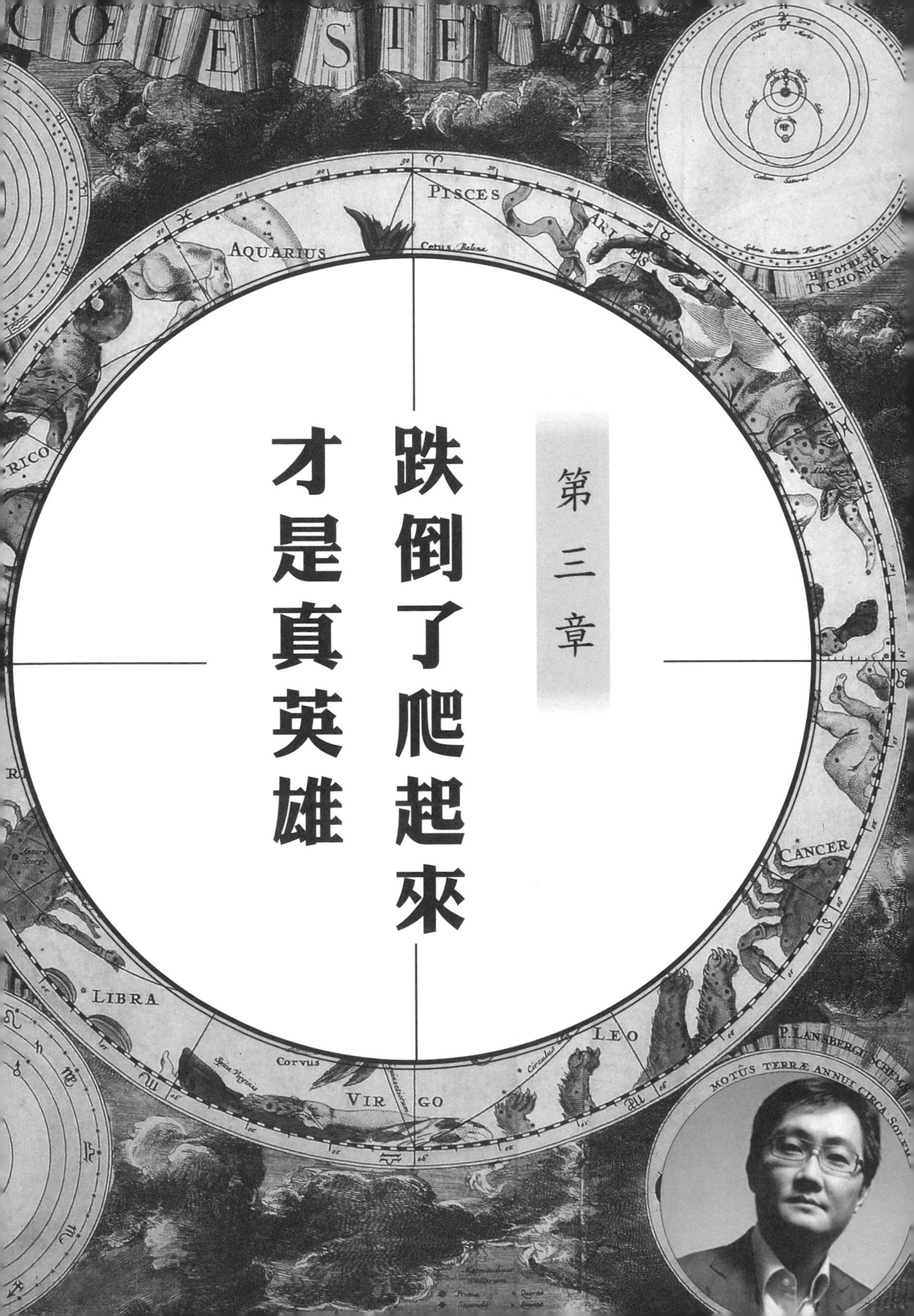

第三章

跌倒了爬起來 才是真英雄

ÆSTUS MARIS PER MOTUM LUNÆ
PISCES
AQUARIUS
ARIES
Cepheus
Draco
Lira
Berenices
VIRGO
LIBRA

奧托家族奮鬥史

穿著破爛衣服遭鄰居恥笑的郵購大亨

維爾納·奧托檔案
國籍：德國。
籍貫：勃蘭登堡地區賽羅城。
出生年代：一九〇九年。
職業：奧托郵購（Otto Versand）董事長。
家族身價：一百零一億美元（截止至二〇一五年）。
頭銜：二〇一五年《富比士》全球富豪榜第五十名。

德國的奧托集團是享譽歐洲的一家多品牌零售公司，雖然華人地區可能對它不是很瞭解，但大家應該都知道DM郵購業務，沒錯，奧托正是郵購業的鼻祖。雖然它如今也開始從事電話、網路訂購業務，但郵購依舊在其經營方式中佔了大半。

奧托的創始人維爾納·奧托在創業之初飽嚐苦難，他先後兩次做生意，均以失敗告終，還讓自己從擁有一個一百五十名員工的企業家變成口袋裡只有六千馬克的窮光蛋。好在奧托沒有洩氣，他用一馬克的手續費註冊了自己的郵購公司，從此開始了近七十年的商業輝煌。

被理想屢次擊倒的小個子

奧托出生於一個小商人家庭，小時候優渥的家庭條件讓他不需要為生活擔憂，只要品學兼優，他就能實現一個完美的人生。

他的個子很小，但是理想可不小，他熱愛美國批判小說家傑克．倫敦的作品，並幻想著將來自己也能當個小說家，用一枝筆寫盡人間冷暖。

就在奧托開始動手寫他的長篇批判小說時，一個不幸的消息突然降臨：他父親的企業破產了。一家人因此沒了生活來源，奧托連學費也繳不起了，只好跟著父母開間小食品店維生。

奧托的父母不甘心就此貧窮地度過一生，他們希望能東山再起，於是將店面從小城斯台廷開到了德國首都柏林，可惜好運始終不曾到來，一家人還是窮得三餐不繼。

奧托卻不像父母那麼著急，他的心思仍沒有放在經商上，此時他已經不想當作家了，他又迷上了政治，想到前線上好好打一仗，為國家建功立業。

在二十一歲時，他加入了黨衛軍，但很快，他發現黨衛軍的行徑令人髮指，便立即退出，悄然投身於人民陣營中。

在一次戰爭中，他受了重傷，結果被納粹俘虜，納粹對奧托這個「叛變份子」施以重罰，將他關進監獄，並揚言要關他一輩子，這讓奧托垂頭喪氣，原本就矮小的他似乎更矮了一些。

在獄中的奧托非常沮喪，他這才有時間冷靜下來思考自己的過去，他不禁產生了疑問：難道自己以前的種種理想都錯了嗎？現實為何要這樣打擊他？

穿著破衣服開製鞋廠

一九四五年，第二次世界大戰臨近尾聲，奧托和一幫難民趁亂從監獄中逃出，他趕緊回家，帶著一家老小從柏林逃往漢堡。

此時的奧托已是兩個孩子的父親，他的大女兒已經十四歲，大兒子也已經十二歲，兩個孩子都處於發育的年齡，卻沒有足夠的食物補充營養。

不僅如此，一家人連一件像樣的衣服也沒有，奧托和妻子穿著補丁的衣服四處謀生，他們的兩個孩子也是破破爛爛的一身，加上瘦骨嶙峋的模樣，活像兩個稻草人似的。

「這一家子也太寒酸了吧，連件新衣服都穿不起嗎？」鄰居們常在背後竊竊私語。

儘管知道自己已經成為他人嘲諷的對象，但奧托沒有惱怒，他承認自己確實很窮，而身為一家之主，他目前的最大責任就是要致富，讓家人過上好日子！

他和一名鞋匠一起開了一個製鞋廠，最初只有幾個人在簡陋的木棚裡生產鞋子，後來人員逐漸擴大，在短短一年內竟擴招了一百五十人，每天能生產二十雙工作鞋、六十雙女鞋，在產品數量激增的情況下，財富也跟著滾滾而來，奧托很高興，心想再過一段時間，全家人就能步入小康生活了。沒想到厄運卻接踵而至。

一年後，德國西部各佔領區的邊界被取消，集中在德國南部的大牌鞋廠欣喜若狂，集體北上爭奪市場，奧托的鞋廠經不起名廠的擠兌，很快就破產了，除此以外，奧托還欠了一屁股債。

奧托只能關閉鞋廠，並將債務還清，結果發現口袋裡只剩下六千馬克，而這點錢連租個倉庫都不夠。一時間，奧托陷入了絕境之中，他不知道該怎麼辦才好。

一本郵購型錄帶他走出困境

就在奧托一籌莫展之時，他無意間在一個朋友家裡發現了一本郵購型錄，那是德國一家大型郵購公司「客萬樂」寄來的樣本，目的是向用戶推銷他們公司的紡織產品。

奧托的腦中突然靈光一閃，他叫起來：「有了！我可以把我的鞋子推銷給其他人，這樣就能賺錢了！」

當時註冊一個公司僅需一馬克，於是奧托便用這一馬克創辦了「奧托」公司，在自己四十歲的時候再度自信滿滿地出發，預備打一個漂亮的翻身仗。

他把公司仍舊設在已經破產的鞋廠的棚子裡，還做了一個簡單的滑道，可以讓商品直接傾卸到包裝桌上，這就是他所能用到的一切設備了。

他僱不起設計師，只能自己設計型錄，型錄共有十四頁，上面的圖片全部是他拍攝的作品，他拍完後將照片貼在本子上，還附帶自己絞盡腦汁想的文字說明，然後拿到印刷局複印，要忙好幾天才能將一本樣本做完。

在「奧托」公司成立的第一年，奧托其實是虧本的，因為他每天出售的包裹不會超過十五個。後來，奧托心想：不能光賣鞋，這樣的話產品太單一了，對顧客的吸引力不夠大，應該加進別的產品。

於是，他也學著另外兩個強大的競爭對手——客萬樂和耐卡爾曼的樣子賣起了紡織品。結果，在新增產品的當年，奧托的公司營業額突破了一百萬馬克，四年後則飛升到三千萬，十年後則超過了一億六千一百萬！

「奧托」這個後起之秀很快把競爭對手給打得落花流水，那麼，為何奧托會獲得如此巨大的成功呢？原因就在於他獨特的銷售方式。

他聘請一些家庭婦女和退休者來銷售，並採用「佣金制度」，哪位員工年銷售額在六千馬克以下，能拿到百分之五的佣金，若超過了這個數目，則佣金的額度提高到百分之十，如此一來，那些員工個個都拼命拉關係賣商品，公司的生意也因此越來越興隆。

一九六二年，奧托拉攏西德意志彙報出版社入股，公司進一步壯大，目前奧托家族是奧托公司的最大控股方，所以大權仍舊掌握在奧托手中。

奧托在事業最輝煌的二十世紀六〇年代將公司交給了自己的兒子米夏埃爾，但他沒有放棄公司的業務，仍舊每天為提高公司的業績而辛勤地忙碌著。

他總算是找到了自己的終身理想，那就是擁有一家屬於自己的銷售公司，也得感謝創辦鞋廠後的那次破產，要不是鞋廠倒閉，他怎能想到郵購業務，又怎能打造出如今歐洲知名的郵購品牌呢？

維爾納・奧托語錄——如何面對困難

1「第一次開鞋廠倒閉並不意味著什麼，我只是在低空飛行中碰到了地面。」

2「公司創辦的第一年，我是虧損的，謝天謝地，我到後來才意識到這一點。」

解析：其實奧托的態度很簡單，那就是不害怕，繼續努力，一定能得到一個令自己滿意的成績。

差點被餓死的世界首富

比爾・蓋茲的風光背後

比爾・蓋茲（Bill Gates）檔案
全名：威廉・亨利・蓋茲三世。
國籍：美國。
籍貫：華盛頓州西雅圖。
出生年代：一九五五年。
畢業院校：哈佛大學。
職業：微軟董事長、CEO和首席軟體設計師。
身價：七百九十二億美元（截止至二〇一五年）。
頭銜：世界首富、二〇一五年《富比士》全球富豪榜排名第一名。

俗話說：「人比人，氣死人」，「往上比是永遠沒有盡頭的」，可是全世界的富豪們卻有一個共同的目標，那就是超越世界首富比爾・蓋茲。

蓋茲簡直就是快速致富的一個神話，他似乎只要熬夜寫寫代碼，然後創建一個公司，便能連續十多年霸佔全球財富圈榜首的位置，讓多少人羨慕不已！

事實哪有這麼順利呢？蓋茲在創業之初，因為幾場版權糾紛而陷入絕境，差點連三餐都成問題，就算後來打贏官司、連年盈利，也仍有被官司纏身、焦頭爛額的時候，看來真的是創業有風險，入行需謹慎啊！

不可否認，他確實是個神童

蓋茲的家境不錯，父親是著名律師，母親是銀行董事，外祖父是國家銀行行長，所以說，蓋茲是個不折不扣的富二代。

但是，總有些富二代不願接受龐大家業的支持，而企圖靠單打獨鬥來證明自己的實力，蓋茲就屬於這類愛「自找苦吃」的人。

從進入中學起，蓋茲就迷上了編寫程式，他還跟同學一起設計程式，賺些零用錢。

難以想像，蓋茲與幾個年輕人經常工作到凌晨，可是他們樂此不疲，因為他們是真的熱愛電腦工作。

當他念九年級時，和同學保羅發現了西北輸電網絡中的一些錯誤，並撰寫了一份《問題報告書》，結果讓 TRW 公司的工程師大吃一驚，因為就連成年人都沒辦法發現這些錯誤呢！

後來，蓋茲進入哈佛大學深造，卻因為癡迷電腦而經常曠課，他和保羅僅用八週的時間就為MITS創辦人羅伯茨編寫了世界上的第一個BASIC編譯器，讓羅伯茨非常滿意。

到大二時，蓋茲意識到電腦的發展速度太快，如果再等三年，恐怕就要錯過這一高新科技的黃金時代了，於是他毅然輟學，和保羅一起創辦了微軟公司，這就是微軟後來津津樂道的休學故事。

瀕臨破產，都是盜版惹的禍

蓋茲不在乎學歷高低，他看重的是能力和努力。

在創業之初，他和保羅在髒亂的汽車旅館中租了一間小小的辦公室，不顧周圍充斥的繁雜噪音，只沉浸在電腦的代碼裡。

他們忙到忘了吃飯，餓的時候就吃個披薩充飢，累到頭昏腦脹才去外面蹓躂一下，給自己稍微放鬆的機會。

照理說，勤奮終歸有回報，可是讓蓋茲沒想到的是，一場大危機卻突然席捲而來。

在微軟獲得一定成果後，蓋茲發現市面上盜版微軟的產品越來越多，嚴重損害了自己的利益，他認為這一切要歸咎於羅伯茨對知識產權的不加保護。於是，他花錢將BASIC編譯器買了回來，並將其又轉手賣給了Perterc公司。

可是蓋茲之前與羅伯茨簽過協議，允許後者對 BASIC 程式和原代碼有十年的使用和轉讓權，眼前蓋茲公然毀約，羅伯茨怎會甘心，於是一紙訴狀將微軟送上了法庭。

面對昂貴的律師費，蓋茲有點傻了，微軟才剛剛起步，哪裡有錢打官司呀！

禍不單行，Perterc 也拒絕支付微軟的版權費，這樣一來，微軟不僅沒有收入，還需要支付一大筆錢用於訴訟，可怕的是打官司的過程實在太冗長了，微軟的資金被一點一點地耗光，最後都快沒錢請律師了。

為了節省開支，蓋茲和保羅將三餐省成了兩餐，整天餓得頭暈眼花，他們也盡量不去消費，即便在這個時候，蓋茲仍沒有想過徵求家人的幫助，如果他這樣做的話，日子肯定會好過很多。

公司進行到第九個月的時候，羅伯茨有意與蓋茲和解。蓋茲儘管不願意，卻動了妥協的心，因為他實在太窮了，沒有辦法再堅持下去了。

誰能想到如今的世界首富，在當初居然也有走投無路的時候，可見蓋茲當時真的是陷入絕望之中，欲哭無淚了。

傲視群雄，誰沒有焦頭爛額的時候

就在蓋茲差點要低頭認栽的時候，法院的仲裁書終於下來了，微軟艱難地打贏了這場官司。

透過這件事，蓋茲也發覺到金錢的可貴，他原本就是一個工作狂，現在更加對工作認真了。即便在他三十九歲結婚期間，還時常加班到晚上十點以後，他對工作環境沒多少講究，員工們穿著拖鞋就可以來上班，但他要求職員對工作本身投入十二萬分的熱忱，而他自己也是以身作則。

蓋茲曾在年輕的時候揚言，他將在三十一歲時成為億萬富翁，後來他自嘲道：「我知道自己以後會很有錢，但沒想到會這麼有錢。」

他連續十多年雄霸世界富豪榜首位，又連續二十年佔據美國第一富豪的寶座，其傲人戰績令人讚嘆不已。

不過，蓋茲的人生並非總是一帆風順的，一九九九年，他又纏上了官司。

那一年，蓋茲爆出了一樁桃色醜聞，他的情婦斯特凡妮・宙赫爾指控微軟進行不正當競爭，讓蓋茲再度承受了一次巨大的打擊。

很多華爾街的經紀人紛紛拋售微軟的股票，令蓋茲的身家一夜間蒸發了八十億美元，此事還差點導致微軟公司一分為二。

在當年，甲骨文公司的總裁拉里・埃里森一代，取代了蓋茲的首富位置，但蓋茲在下一年便強勢反撲，重新當上了全球富翁的老大。

二〇一五年，蓋茲仍舊是最有錢的富豪，未來誰將會超越他？無可知曉。不過有一點可以肯定的是，只要蓋茲在，財富榜中的終極目標就在，群雄紛爭，且看未來天下將鹿死誰手。

比爾·蓋茲語錄——如何克服困難

1「公平不是總存在的，在生活學習的各個方面，總有一些不如意的地方，但只要適應它，並貫徹始終，總能收到意想不到的成效。」

2「這個世界上，沒有人能使你倒下，假如你自己的信念還站立的話。」

3「運氣是成功的一個因素，然而我相信最重要的因素還是我們的遠見和高度的洞察力，我從來都是戴著望遠鏡看這個世界的。」

解析：順應時代，堅定信念，保持前瞻性，如此一來，就離成功就不遠了。

在烈日下趕路的水果販

中國首善曹德旺的為富之仁

曹德旺檔案
國籍：中國。
籍貫：福建省福清市。
出生年代：一九四六年。
職業：福耀玻璃集團董事長。
身價：十九億美元（截止至二〇一三年）。
捐款總額：六十億人民幣（截止至二〇一五年）。
榮譽：二〇〇九年永安全球大獎。
頭銜：世界首善、中國最慷慨的慈善家。

在福建福清市，有一位遠近聞名的大善人，他叫曹德旺，是中國第一、世界第二大汽車玻璃的供應商。他並非中國最有錢的人，卻是中國最具有善心的富人。

二〇〇九年五月二十八日，曹德旺在摩納哥擊敗了全球四十三個國家的知名企業家，奪得「企業界的奧斯卡獎」——永安全球大獎的桂冠，這是中國企業家的殊榮，也代表了慈善界的最高榮譽。

站在領獎臺上的曹德旺有些哽咽，他沒有忘記在年少時，頭頂正午毒辣的太陽，馱著三百多斤重的水果在大馬路上狂奔的情景。正因為小時候窮過，他才能深刻體會窮人的艱難，所以他積極投

身慈善事業，始終捧著一顆真誠的心，從未有半點虛情假意。

一場災難讓全家貧困潦倒

曹德旺的父親本是上海永安百貨的股東之一，後來因為戰火燒到華東地區，父親便帶著一家老小返回福建老家。

當時父親走錯了一步棋，因為怕遭遇小偷，他讓全家人坐上油輪，而將自己的全部家當放在另一艘運輸船上。

當一家人上岸後，財物卻沒跟著過來，父親急忙去詢問情況，得到的回答是船沉了！在那個紛亂的年代，出了這種事能找誰去理論呢？父親只好自認倒楣，而本來富裕的曹家也因此變得一貧如洗。

在曹德旺的童年印象裡，沒錢的陰影一直困擾著家人，在相當長的一段時間裡，他們一天只能吃兩頓飯，而且以湯水為主，幾乎沒有什麼菜。

他和哥哥正是發育期，卻總是填不飽肚子，因此常常餓得兩眼發直，巴不得哪一天能過著吃飽喝足的生活。

他們的母親心痛得落下淚來，鼓勵孩子們要忍住飢餓，堅強地活下去，父親也十分贊同妻子的觀點，他覺得再窮也得讀書，於是將曹德旺送進了學堂。

曹德旺一直讀到十四歲，之後就再沒能讀下去，因為家裡實在太窮了，他只好回家放牛。

但是，曹德旺還是很想讀書，只有一有空，就撿起哥哥的書本讀一讀，滿足一下自己對知識的渴望。

每天都在挑戰身體極限

曹德旺的從商經歷很早，早在十六歲時，他就幫父親一起倒賣煙絲，此事在當時被定性為「投機倒把」，一旦暴露將面臨牢獄之災，可是曹德旺別無選擇，他必須要賺錢養活家人。

後來，煙絲生意難做，他又開始賣水果。

每天凌晨三點，他要騎著自行車從高山公社趕到福清縣城，此時天色微亮，果農帶著整車水果趕過來，曹德旺跟他們討價還價一番，待交易完成已是中午。

春秋還好，到夏天的時候，曹德旺必須馱上三百多斤的水果，在中午十二點時往家裡狂奔。他的汗浸透了全身，滴進他眼裡，差點讓他看不清前方的路，他那細弱的胳膊和雙腿也像被撕裂似的，火辣辣地痛，可是他不敢鬆懈，仍舊努力地蹬著車子。

到下午四點多，他才回到高山公社，將水果全部按批發價賣給當地的商販，忙完這陣後要到六點，這時他一天的工作才算結束。

這樣辛苦地騎車一整天，所賺到的利潤才只有兩元人民幣，而且非常疲累，不早點休息第二天就起不來。撫摸著兒子瘦弱的肩膀，曹德旺的母親每天都心疼得掉下眼淚。

做生意失敗後曾勸妻子改嫁

在曹德旺二十三歲時，家人為他安排了一門親事，他連老婆的面都沒見過，可是為了有時間照顧生病的母親，就結婚了。

事實證明他的選擇沒有錯，妻子不僅賢慧，而且宅心仁厚，對曹德旺的事業幫助很大。剛一結婚，曹德旺就將妻子的嫁妝全部賣掉，因為賣水果的生意不好做了，他就想去種白木耳。滿以為將自己種出來的白木耳拉到江西去賣，來回一趟可以賺七百多元人民幣，誰知曹德旺才跑了四趟，貨就被人扣了，不但本錢賠光，還倒欠了村裡人一千多塊錢，這讓曹德旺愁得不知如何是好。

一時間，要債的人踏平了曹家的門檻，曹德旺變賣了所有的家當，最後只剩下一間陋室了，他無奈地對催債人說：「我實在沒錢，你們要錢的話，就把房子拿走吧！」

這時村裡的生產隊來找他，要他去做二十多天的水庫工人，如果不去的話，就要繳錢，曹德旺趕緊算了一下，發現自己需要繳交一百多元人民幣。

天啊，不去的話哪有錢繳給生產隊啊！曹德旺暗自咋舌，他心想反正自己也沒事做，倒不如去賺點錢。

於是，他就去遙遠的工地上工作了，臨行前，曹德旺認真地對妻子說：「如果妳覺得太苦，過不下去，可以另外嫁人。」妻子含著眼淚猛地搖頭，她請丈夫一定要振作起來，而自己是不會離婚的，這讓曹德旺非常感動。

中國人要有自己的汽車玻璃

後來，曹德旺當技工、果農，一點一點地積存下五萬元，想以此做出一番事業，於是便承包了福清市高山鎮的一家連年虧損的玻璃廠。

在改革開放後，進口汽車充斥了中國市場，而當時中國糟糕的路況讓汽車損耗嚴重。曹德旺發現了一個問題：在汽車維修市場，基本上沒有國內的汽車玻璃賣，車主要是玻璃壞了只能安裝進口玻璃，而國外的玻璃又特別貴，比如日本的玻璃一塊要好幾千元人民幣，其實成本只有一兩百元，賺的都是中國老百姓的血汗錢啊！

曹德旺為中國人深感不值，他發誓一定要生產出中國人自己的汽車玻璃。

一九八五年，他引進芬蘭先進的設備，又聘請了國內一些優秀的人才，在歷經無數次失敗後，終於研製出第一批汽車玻璃。

他的玻璃比進口的要便宜很多，因此銷量很好，僅僅四個月就賺到了七十萬元人民幣，一年後，利潤增長到五百萬元人民幣，曹德旺也一下子邁入百萬富翁的行列。

一九八七年，曹德旺成立福耀玻璃有限公司，從此事業蒸蒸日上，佔據了中國玻璃市場第一的寶座。

在創造鉅額財富的同時，曹德旺也開始專注起慈善事業，如今的他因慈善而被人們所熟知，他卻沒有絲毫驕矜之心，因為他明白，人生中的任何困難都只是暫時的，而在別人有難的時候幫他們一把，就會多出很多成功者，何樂而不為呢？

曹德旺語錄——如果發展企業

1「方向決定結果。追求的目標端正了，就決定了你的進步。」

2「做為企業家，在準備創大業時一定要記住，做小事靠技巧，做大事靠眼光和人格魅力。」

3「企業家的事業是風險事業，是非常麻煩的一個事業。但企業家精神不提倡冒險，『挑戰自我，挑戰極限；謀求發展，兼善天下』，這四句話伴隨著我走過了這二十多年。」

解析：如今，中國富豪轉向新貴的趨勢越來越明顯。初聽此語，有點費解，難道手握大把財富的富豪們還算不上新貴？原來，胡潤所說的新貴並不是財富新貴，照他的說法，新貴一定要有社會責任感，而不是僅僅有錢。從富豪到新貴，最重要的是要有三個改變：追求更多的智慧，追求身分的提高，承擔更多的社會責任。

水餃皇后臧健和

流浪異鄉陷入絕境的單親媽媽

臧健和檔案

別名：臧姑娘、水餃皇后。

國籍：中國。

籍貫：日照市五蓮縣。

出生年代：一九四五年。

職業：「灣仔碼頭」速凍食品董事長。

身價：上億人民幣。

榮譽：二〇〇〇年世界傑出女企業家、二〇〇六世界傑出華人獎。

中國的速食界有一個知名品牌——灣仔碼頭，該品牌的代表食品是冷凍水餃，這是灣仔的創始人臧健和的發跡之物，也是將她從困境中拉出來的救星。

當年，臧健和從新加坡離婚後來到香港，一下子從衣食無憂之境淪落到要靠在街頭叫賣水餃維生，她的身邊還帶了兩個孩子，生活的艱難可想而知，沒想到禍不單行，她在街頭被人撞倒，住院後又被宣告患了極嚴重的糖尿病，生活的重壓似乎要將她徹底擊垮，但她是怎麼熬過來的呢？

為了孩子打三份工的單親媽媽

臧健和很早就結婚了，婚後生了兩個女兒，後來丈夫回泰國繼承父親的遺產，從此就滯留在了泰國。

丈夫一走就是三年，臧健和甚是想念，帶著女兒來到泰國，原本以為可以一家團圓，沒想到見了面之後反倒給她帶來巨大的痛苦。

原來，婆婆嫌臧健和沒有生下男孩，就讓兒子另娶了一房，而泰國是可以一夫多妻的，所以當臧健和來找丈夫時，赫然發現丈夫的身邊已經有了另一個女人。

臧健和是個有傲氣的女人，她二話不說就跟丈夫離了婚，而且堅持要把兩個女兒都留在身邊，似乎忘了以後的路有多難走。離婚前，臧健和的日子過得還是不錯的，她的要求丈夫都能滿足，可是現在她一無所有，連吃飯都成問題，母女三人語言又不通，該怎麼辦呢？

臧健和的兩個女兒都要上學，遠在青島的老母親又要養老，這時的臧健和急需一份工作。於是，她在香港的一間酒店裡做清潔人員，整天洗碗、洗廁所，每天十分辛苦，月薪水才六百元港幣，她一看急了，自己租的那個沒窗的小房子都要兩百元港幣呢！

為了賺錢，她又接下了兩份工作，每天要工作十六個小時，累得連腰都直不起來。

失業後當起賣水餃的小販

屋漏偏逢連夜雨，有一天，臧健和在酒店裡被一個莽撞的小夥子撞倒在地，痛得冷汗涔涔，再也站不起來了。

好心人將她送到醫院後發現她腰骨裂傷，而醫生則嚴肅地告訴臧健和，她得了非常嚴重的糖尿病，再不治療恐怕有生命危險。

臧健和真正嚐到了什麼叫做絕望的滋味：即將失業，又身患重病，孩子要上學，房租要繳，以後的日子可要怎麼過呀！

即便在這樣艱難的時刻，臧健和為了告訴女兒要做一個頂天立地的人，她竟然拒絕了酒店的賠償金和政府的救助金，也許有人要笑她傻，可是她知道人不會倒楣一輩子，總會有柳暗花明的一天。

老天在這時候突然給她了一提醒，當時她的一個朋友去醫院看她，說了一番話，讓臧健和的心頭不禁一熱。

朋友建議臧健和去賣水餃，因為中國人都愛吃餃子，而且臧健和的水餃比街上賣的還好吃，為什麼不上街做個賣水餃的小販呢？

臧健和想著朋友的話，雖然覺得有道理，但讓她到街頭擺小攤，她委實拉不下這個臉。

經過一番考慮，臧健和最後還是妥協了，從此有五年的時間，她帶著兩個孩子天天在香港的灣仔碼頭賣水餃，無論颳風下雨還是豔陽高照，她從未後退過。

從「水餃皇后」變成品牌創始人

在臧健和剛擺攤的時候，顧客並不多，人們才偶爾光顧她的小攤，但只要是吃過臧健和水餃的人都讚嘆她的手藝不錯。

不到一年的時間，顧客越來越多，她的攤位前總是排著長長的隊伍，有些人甚至大老遠地跑過品嚐她的水餃，而吃過之後，無不對她豎起大拇指。

後來，大家都給她取了美名——街頭水餃皇后，臧健和卻沒有因此驕傲，她知道眾人的口味都是挑剔的，好東西需要不斷改進才能被大家長時間地接受，於是她虛心聽取顧客的意見來改良，使得自己的水餃越來越美味了。

一九八三年，幸運之門突然向臧健和打開，她的表姊跑過來興沖沖地跟她說，有一個日本公司的老闆要跟她合作，投資她的水餃。

臧健和有點傻住了，她不明白一個大老闆為何會看上她這個街頭小販。

事情就是這麼偶然，就在不久前，臧健和的一個親戚拿著她的水餃參加一個派對，那名日本老闆正好在場。

日本老闆的女兒從小就很挑食，卻把臧健和的水餃吃得一個都不剩，此舉引起了老闆的注意，他覺得臧健和的水餃肯定能夠暢銷，所以就趕緊找上門來，要臧健和加入他的公司。

臧健和對開公司一竅不通，當她發現運作一個公司如此複雜後，不禁打了退堂鼓，可是日本老闆很執著，幾次三番要跟臧健和接洽，臧健和心裡終於有了底，她知道自己的品牌被認可，因此產生出要保護「灣仔碼頭」這個品牌的決心。在與日本公司達成協議後，她擁有了屬於自己的工廠，將水餃業務成功地發展起來。

成功之後總會錦上添花，世界第六大食品公司——美國通用磨坊也看中了臧健和，誠心要跟她合作，於是灣仔碼頭走上了國際化道路，銷往美、法等多個國家，而在中國則建起多個生產基地，真正成為了知名品牌。

回首過去那段灰色的歲月，臧健和雖然心酸，卻仍舊感激，正是過去的艱難，才讓她發現自己原來潛藏著那麼巨大的能量，這其實是她的幸事啊！

臧健和語錄——怎樣對待顧客

1「我們包餃子給自己吃的時候沒有任何壓力，但當我們出去賣餃子，給顧客吃，給全香港的人吃，給全中國的人吃，我們身上的擔子也越來越重。我們一定要記住，做食品生意的人一定要有做生意的良心。」

2「我可以得罪我的員工，但是我絕對不能得罪我的顧客。」

3「廣告只是商家的行為意識，口碑才是顧客選擇的市場原動力。」

解析：顧客是企業利潤之源。

無數次被金錢擊垮的金融大鱷

鐵血索羅斯

喬治．索羅斯（George Soros）檔案

本名：施瓦茨．捷爾吉。

國籍：美國。

祖籍：匈牙利布達佩斯。

出生年代：一九三〇年。

學位：倫敦經濟學院哲學學士。

職業：索羅斯基金管理公司和開放社會研究所主席、牛津大學和耶魯大學等名譽博士、慈善家。

戰績：一九九二年讓英鎊貶值、一九九七年掀起東南亞金融風暴、二〇一二年做空日元。

身價：兩百四十二億美元（截止至二〇一五年）。

榮譽：一九九五年代頓和平獎。

頭銜：二〇一五年《富比士》全球富豪榜第二十九名、《金融世界》華爾街收入排名表第一名。

說起索羅斯，就不能不提到一九九七年的東南亞金融危機，那一年，正是因為索羅斯狙擊泰銖和港幣，才導致香港金融市場岌岌可危，讓港幣受到強勢衝擊，進而影響到整個東南亞的金融市場，一夕之間，不知有多少富翁傾家蕩產。

對於自己造成的混亂局面，索羅斯並不覺得有什麼愧疚，他在年輕時見慣了各種不平等，因此形成了「弱肉強食」的觀念，他認為在金融界就是有風險的，如果害怕就不要染指。

索羅斯一度很沒有鬥志，只希望能賺十萬美金就退休，但後來，賺錢的各種艱難讓他抓狂，他終於明白，想要讓自己不再忍受窮苦，就得多賺錢，唯有錢多，才能擺脫貧窮所帶來的痛苦。

充滿危機和動盪的少年時期

索羅斯本是匈牙利人，他的父親是一個律師，家庭比較富裕，所以他的童年很美好，不僅衣食無憂，還能享受到良好的教育。

父親常教育索羅斯要對財富淡然處之，讓索羅斯銘記終生，所以後來他一方面縱橫全球金融市場，瘋狂吸金，一方面卻又積極投身慈善事業，似乎對金錢毫不在意，這兩種截然相反的態度就這麼奇妙地結合在他身上。

在他十四歲那年，納粹大舉侵犯布達佩斯，索羅斯一家因為是猶太家庭，不得不開始了艱辛的逃亡。

他們一路使用假身分證，再加上有好心人的幫助，總算是相守著躲過了迫害，在納粹投降的前一年，索羅斯一家差點被德軍逮捕，可是這次經歷卻讓索羅斯受益匪淺，他甚至感覺到了快樂。不要害怕冒險，不要在冒險的時候賭上全部家當，是索羅斯據此得出的結論，這兩條經驗在他後來的金融投資中發揮了很大的作用。

到了他十七歲時，全家移民至英國。索羅斯也決定去外面走走，同時看看自己能否有發財的機會。

現實是殘酷的，單槍匹馬的少年承受不起生活的重壓，索羅斯先是去了瑞士，一無所獲，而後他又來到當時歐洲的天堂——倫敦，結果發現自己一個窮人根本無法在這個大城市裡立足。

他第一次被金錢所打倒，為了維持生計，不得不靠刷盤子洗碗來賺點可憐的生活費，每一天，他都忙得焦頭爛額，忘記了生活原本是什麼顏色。

曾經希望賺夠十萬就回家養老

最終，索羅斯意識到只有進大學才能拯救自己，於是他考入了倫敦經濟學院，但學的卻是哲學，因為索羅斯覺得自己是個有想法的人，他喜歡在人生哲理上讓自己的靈魂得到昇華。可是光思考人生能當飯吃嗎？

一九五三年，索羅斯畢業了，他從夢幻的象牙塔中醒來，赫然發現自己找不到任何發揮專業的工作，無奈之下，他只好嘗試著去找其他方面的工作。

結果，堂堂一個大學生，不得不去北英格蘭的海濱勝地銷售手提袋，這讓索羅斯大受打擊，他每天要站立十二個小時以上，同時不停地大聲吆喝，一天下來，嗓子都快冒煙了，也賺不到幾塊錢。

這時，索羅斯才覺得以前的自己很可笑，如果連飯都吃不上，還怎麼去滿足精神世界呢？讓乞丐一天到晚思考人生，他願意嗎？

不行，不能由著自己這樣下去了！他需要錢，他要賺很多的錢，這樣才能維持自己不再被金錢打倒！

索羅斯覺得銀行業能賺大錢，他希望自己到一家銀行工作，最好就一直工作下去，賺夠十萬美金，然後退休，專心致志做自己喜歡的事情。

於是，他給倫敦所有的投資銀行一一遞交了求職信。

接下來就是漫長而痛苦的等待時間，他等啊等啊，那些銀行卻始終杳無音訊，他簡直就要絕望了，每天沉浸在抑鬱的心情中不能自拔。

就在他幾乎要放棄的時候，辛哥爾與弗雷德蘭德銀行終於傳來了一個好消息：他們需要一個培訓生，儘管這只是銀行的入門職業，索羅斯還是驚喜萬分，他終於有了一份養家糊口的工作。

在工作之初，他的目標只是夢想中的十萬元，沒想到在銀行待久了，他逐漸喜歡上了金融工作，而他在黃金股票套匯方面的能力也日益凸顯，他已經不再滿足在倫敦打拼，而將眼光投向了大洋彼岸那個新興的超級大國——美國。

既是冷血商人又是慈善大師

「我生來一貧如洗，但絕不能死時仍舊貧困潦倒。」在索羅斯的辦公室裡，掛著這樣一幅勵志的字句，幾十年間，索羅斯就是這樣激勵自己，吸走了一筆又一筆的鉅額資金。

一九六〇年，索羅斯第一次對國外金融市場發動進攻，他成功使安聯公司的股票價值漲了三倍，讓大家對他刮目相看。

一九七三年，他受以色列戰爭的啟發投資軍火商的股票，結果又發了一筆大財。十九年後，他對英鎊的打擊令他第一次揚名世界，大家都稱呼他為「打垮英格蘭銀行的人」，而他在那次金融大戰中捲走了二十多億美金。

從第一次投資開始，到二〇一五年，整整五十五年間，索羅斯獲利無數，他就像一個貪心的鱷魚一樣到處與世界銀行作對，而令人驚奇的是，那些銀行居然沒有還手之力。

此外，他做的最多的事情便是投身慈善事業，自一九八四年以來，他在二十多個國家設立了三十五種基金；在過去的三十年間，他捐贈超過八十億美金來改善民主、自由、教育和貧困現象。

二〇一五年，索羅斯正式退休，宣稱自己不再從事投資業，但是他那個金融大鱷的形象卻早已深入人心，成為金融業中的一個傳奇。

喬治．索羅斯語錄——如何擁有正確的決策

1「市場總是錯的。」

2「重要的不是你的判斷是錯還是對，而是在你正確的時候要最大限度地發揮出你的力量來！」

3「人們認為我不會出錯，這完全是一種誤解。我坦率地說，對任何事情，我和其他人犯同樣多的錯誤。不過，我的超人之處在於我能發覺自己的錯誤，這便是成功的秘密。我的洞察力關鍵是在於，發現人類思想內在的錯誤。」

解析：決策總是錯的，因為決策是由人制訂出來的，所以沒有絕對正確之說，如果你不想犯錯，那就只有一個辦法：證明自己是對的。

危急時刻差點被扔掉的發財機會

馬化騰的騰飛路

馬化騰檔案

別名：小馬哥。

英文名：Pony。

國籍：中國。

籍貫：廣東省汕頭市。

出生年代：一九七一年。

畢業院校：深圳大學電腦與軟體學院。

職業：騰訊公司CEO。

身價：一百六十一億美（截止至二〇一五年）。

頭銜：二〇一五年《富比士》全球富豪榜第五十六名。

在中國大陸地區相信略懂網路的人都知道QQ的存在，這隻小小的「企鵝」快速連結了人與人之間的距離，讓人際交往變得輕鬆便捷。如今，QQ已經風靡中國十多年，很多新潮的年輕人依舊把它當成是一個時髦的通訊工具，但鮮有人知道，在QQ剛誕生那時，它的創始人馬化騰曾因缺錢而差點將這個價值數百億的產品以一百萬的價格轉讓出去，好在買主嫌馬化騰開價太高，最後交易不歡而散。如今馬化騰再回憶往事，大概仍要捏一把汗，所謂一分錢難倒英雄漢，如果將這個千載難逢的發財機會扔掉，此生他恐怕都要活在悔恨之中。

當打工生初識即時通訊軟體

一九九二年，電腦在中國大陸剛剛興起，一批技術青年南下深圳，開始加入這一新興行業的隊伍中，其中就包括剛畢業的馬化騰。初次踏入社會的馬化騰只是一個居無定所的打工仔，他最大的希望是能進入一家規模比較大的公司，有一份能做得比較長久的工作。

可是事與願違，他所就職的小企業總是會出現各種問題，馬化騰只好到處流浪，同時也到處搬家，在深圳這個偌大的城市，他始終找不到自己的歸宿。有一天，他突然發現了網路上的一個聊天工具——ICQ，這是由以色列人發明出來的即時通訊軟體，非常方便，只要有一臺能夠連結上網路的電腦，就能代替電話、傳呼機這種當時看起來非常先進的硬體設備。

要知道，在二十世紀九〇年代，在中國大陸地區，手機還是個非常稀罕的東西，誰要有一支手機，那就是富翁的象徵，馬化騰覺得手機太貴，肯定不如電腦發展得快，還不如研發一個類似ICQ的軟體，這樣大家聯繫起來多方便啊！他之所以會想到這個主意，是因為ICQ在當時還沒有中文版，因此他察覺出了這個商機，便馬上找來幾個朋友，發誓要做出一個中國的ICQ。

雙重打擊差點毀掉QQ

一九九八年，馬化騰與同學張志東創辦了騰訊公司，雖說後來又吸收了三位股東，但資金問題一直在困擾著馬化騰。

公司成立後，馬化騰立即決定做即時通訊工具 OICQ，當時在市面上其實已經有兩家公司推出了與 OICQ 同類的產品，但馬化騰很有信心，他覺得自己的業務前景廣泛，值得發展。

可是，前景到底有多廣？用戶多就代表產品好嗎？這一點馬化騰倒是沒想到。

一九九九年二月，QQ的前身——OICQ 誕生，用戶對這款軟體愛不釋手，很快就掀起了全民聊天熱，而 OICQ 的用戶數也在極短的時間內增長到幾萬人。

用戶是多了，可是馬化騰沒賺到一分錢，相反地，他還要不斷地往裡面砸錢，因為用戶數增加需要擴充伺服器，而一臺伺服器的託管費就要一兩千元，他哪裡有那麼多錢啊！

為了節約託管費，騰訊只好去蹭別人的空間和網路頻寬，這當然是非常不光彩的，可是馬化騰確實沒有錢了，他幾乎就要山窮水盡了。這時，更大的打擊迎面而來，由於 OICQ 是仿照 ICQ 而開發的，無形中搶了很多 ICQ 的中國用戶，結果 ICQ 公司對騰訊的做法極度不滿而訴諸法律途徑，要求騰訊立即停止使用 OICQ 的名稱，同時歸還功能變數名稱和賠償一定數量的金額。

這場官司馬化騰輸了，他因此將 OICQ 更名為QQ，也許如今的人們在使用QQ時，還得感謝那場官司給QQ帶來這麼朗朗上口的名稱，但官司之後的馬化騰卻一個頭兩個大，他覺得自己已經支撐不下去了。

無人賞識的百億產品

無奈之下，馬化騰萌生了轉讓ＱＱ的念頭，他先是去找深圳電信資料局，後又找到中華網、新浪網，想用一百萬將自己的產品賣出去。萬幸的是，所有的買主都覺得太貴，並且都不看好ＱＱ這款產品，他們覺得光有用戶有什麼用呢？盈利點到底在哪裡呢？

瀕臨絕境的馬化騰為了給ＱＱ一個活下去的理由，只得絞盡腦汁地去收費，所以在二〇〇〇年左右，有一段時間裡，用戶想申請ＱＱ號碼竟然需要繳納註冊費，這說明了騰訊當時的艱難處境。可是那點可憐的註冊費對騰訊來說也是杯水車薪啊！到底該怎麼做，才能挽救騰訊呢？

幸好在這個時候，風投公司 IDG 和盈科數碼向他伸出了橄欖枝，以四百萬美元幫助騰訊在香港上市，馬化騰瞬間從一個窮光蛋變成了身價十七億港幣的大老闆！

此時的他真的要感激當初的碰壁了，如果他順利將ＱＱ賣了出去，就不會有如今的騰訊，看來真的是上天給你關上一道門的同時，又會為你打開一扇窗啊！

從此，ＱＱ開始步入正軌，而馬化騰忽然發現了生財之道：誰說那八億多的用戶沒有價值？只要開發ＱＱ的一個附加功能，就有大筆資金的收入啊！

於是，ＱＱ增添了會員功能，用戶可以購買音樂、虛擬裝飾物品、增設特權等，ＱＱ還開發出多款小遊戲，吸引用戶在娛樂中投入更多的金錢，讓騰訊終於大大地賺了一筆。

有用戶就是王道，為了留住用戶，馬化騰不斷增強ＱＱ的實用功能，將ＱＱ打造成一個多元化的社交工具，並且它能讓用戶在手機上也能方便地使用，所以具有相當大的競爭力。

二〇一一年，騰訊旗下又推出了微信，這是一款基於親密關係間的即時通訊工具，一經推廣就獲得了用戶的青睞，甚至發展到威脅ＱＱ這一中國第一大通信軟體的地步。

馬化騰是個很害羞的人，他提到當時想賣ＱＱ的情景，會雲淡風輕地笑：「當時人家只肯出六十萬，我嫌少，去找銀行，銀行不肯憑『註冊用戶數』抵押貸款，真的是到處碰壁。」

還好，如今總算柳暗花明，其實艱難的時刻究竟有多長呢？忍一忍，捱一捱，也終究會過去。

馬化騰語錄——決定成功的心態

1「這個新時代，不再信奉傳統的弱肉強食般的『叢林法則』，它更崇尚的是『天空法則』。所有的人在同一天空下，但生存的維度並不完全重合，麻雀有麻雀的天空，老鷹也有老鷹的天空，決定自己能否成功、有多大的成功，是自己發現需要，主動創造分享平臺的能力。」

2「不要老覺得你的公司大了，其實如果看一個具體的業務，和其他任何公司相比沒有任何的優勢時，一定要把這樣心態壓下來，像小公司那樣靈活，才有可能獲得成功。」

解析：永遠保持活力才能做大做久。

國家圖書館出版品預行編目(CIP)資料

是金子總會發光 / 陳鵬飛著.
-- 第一版. -- 臺北市 : 樂果文化出版 : 紅螞蟻圖書發行,
2016.02
面； 公分. --(樂成長 ; 16)
ISBN 978-986-92479-6-2(平裝)

1.企業家 2.世界傳記 3.職場成功法

490.99 104026341

樂成長 16

是金子總會發光

作　　　者 ／ 陳鵬飛
總　編　輯 ／ 何南輝
責任編輯 ／ 韓顯赫
行銷企劃 ／ 黃文秀
封面設計 ／ 引子設計
內頁設計 ／ 沙海潛行

出　　　版 ／ 樂果文化事業有限公司
讀者服務專線 ／ (02)2795-3656
劃撥帳號 ／ 50118837 號 樂果文化事業有限公司
印　刷　廠 ／ 卡樂彩色製版印刷有限公司
總　經　銷 ／ 紅螞蟻圖書有限公司
地　　　址 ／ 台北市內湖區舊宗路二段121 巷19 號(紅螞蟻資訊大樓)
／ 電話：(02)2795-3656
／ 傳真：(02)2795-4100

2016 年 2 月第一版 定價／ 300 元 ISBN 978-986-92479-6-2
※ 本書如有缺頁、破損、裝訂錯誤，請寄回本公司調換。